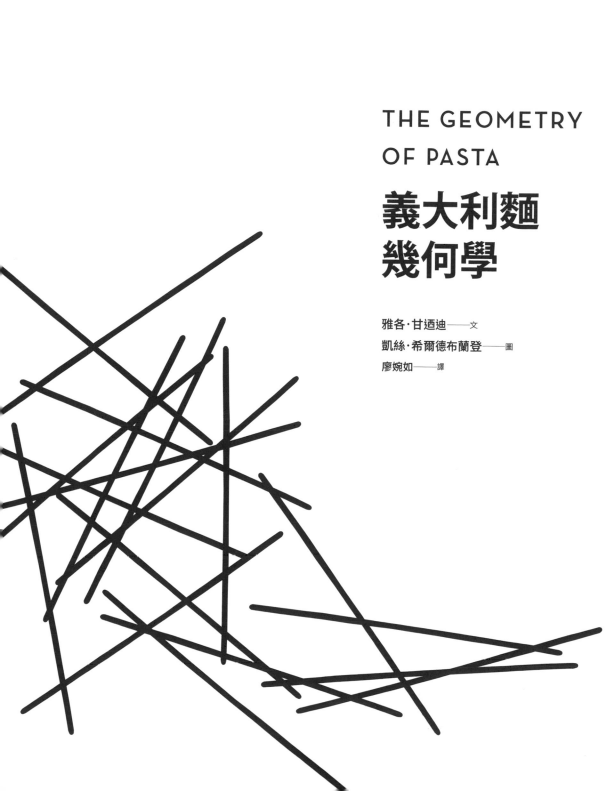

THE GEOMETRY OF PASTA

義大利麵幾何學

雅各·甘迺迪——文

凱絲·希爾德布蘭登——圖

廖婉如——譯

CONTENTS
目次

前言

　　本書的構想並非出自於我，是的話我會非常自豪。這發想來自平面設計師凱絲，她頭一回跟我提起時，這念頭在她腦裡少說醞釀了五年以上；因此，所有的讚美都應該歸於她。

　　書中麵款的挑選、內文和食譜的撰寫，則是由我一手包辦。然而同樣地，我也不能把功勞全攬在自己身上。義大利人數百年來的創意、工藝、農業、政治和口欲，造就了義大利麵變化萬千的形狀和滋味。這裡介紹的麵款，絕少（要是有的話）一人獨創，隨附的食譜也是如此。反之，製作當今義大利主食的手藝，在母親教給女兒、左鄰右舍互相切磋、從一個鄉鎮流傳到另一個鄉鎮之中，慢慢起了微妙的變化，從而衍生出五花八門、琳瑯滿目的麵款造型。在義大利麵的小宇宙裡，我們照見了自然界令人驚奇的豐富繽紛。這麵食的進化未曾須臾停歇。

　　義大利境內，各地的麵食各有特色。在比較窮困的南部，粗粒麥粉和水做成的麵團，直接用手塑成帶有鄉下人氣息的粗獷形狀。在中南部，同樣的麵團會用機器擀壓成簡單的長麵條和繁複的短麵，乾燥後包裝出售。在北部和中北部地區，大體來說較為富庶，用的是昂貴的蛋黃和細麵粉，做出金黃色的精品——如絲緞般的麵條，以及精品珠寶似的小麵餃。在偏遠的北部，由於氣候寒冷，加上受德國和東歐影響，麵包屑、栗子粉、蕎麥粉和黑麥粉等澱粉取代了白麵粉。每種麵團的特性，每款造型的巧妙處，以及每個地區的口味和傳統，也決定了同樣講究的各色醬料，用以烘托麵食的獨特，迎合人們的味蕾。

　　這種多樣性處處可見，同樣的麵款在不同地區會佐以

不同的醬汁。油腻的醬汁可裹覆麵食，清淡的醬汁用來澆淋，濃郁的醬汁增添滋味、讓人驚艷，鮮美的醬汁讓麵食吃起來爽口，在在令人回味無窮。在同一地區的不同鄉鎮，同樣的醬汁在材料上也有變化。即使家家戶戶都用相同的食材，用量的多寡也不同，滋味各有千秋，每個廚子都認為自己的作法最好、最正宗。書裡絕大多數的醬料食譜就某方面來說都遵循傳統，其嚴謹的烹調是我的獨門配方，然而這每一道終究不過是無限多種演繹義大利麵食風情的方法之一罷了。這才是我個人的些微貢獻：對不斷在進化中的義大利麵幾何學和口味略盡一份心力。

雅各·甘迺迪

出版這本書的念頭，起於我對義大利人何以講究麵和醬的搭配感到好奇。就像他們說的，麵佐對了醬，彷彿瞬間脫胎換骨，變得美味絕倫。

為了了解這箇中學問，我翻出了阿圖西（Pellegrino Artusi）的精采鉅著，《廚房的知識與吃食的藝術》（*Science in the Kitchen and the Art of Eating Well*）。出版於1891年的這本書，是義大利第一本以家常菜為主角編撰而成的食譜書。書中不僅一道道的食譜和生動有趣的文字吸引我，其說明麵餃如何製作的純線條圖解更讓我深深著迷。那段時期，我偶然間注意到掛圖的吊索扣環，突然靈光一現，深信用簡單的幾何形黑白圖示，足以呈現各色義大利麵的差異，凸顯其最適合佐搭某種醬汁的特性。於是我帶著這個想法去找雅各，他於是分享了美味無比又十足經典的食譜。我們聯手獻出這本義大利麵幾何學的指南；呈現義大利麵的純粹與極致，像義大利人一樣地領略義大利麵的曼妙滋味。

凱絲·希爾德布蘭登

重要叮嚀

鹽

鹽是義大利麵好吃的關鍵之一。大多數廚師烹調時，在菜餚不過鹹的前提下，鹽的用量都是盡量地加，在我看來，這是餐館食物和家常料理之間最大的不同。這本書中所有的食譜，鹽的用量我讓讀者自行斟酌（除了13頁明確提到煮麵水要加多少鹽之外，不過用量還是可依個人口味調整）。要放多少鹽，你不妨考量兩點：

- 這道菜要放多少鹽才好吃（手邊這道菜最完美的鹹度為何）。
- 你平時的飲食吃多鹹（照這樣看，你有多享受生活裡的其他事）。少鹽可讓你延年益壽。

一向今朝有酒今朝醉的我，會懷著及時行樂的心情以第一點為考量，雖然過幾年我很可能會後悔。

油脂

油脂和鹽一樣是義大利麵美味的關鍵。但是這本書裡油脂的用量和鹽的不同，全都有明確的計量，而且你會發現，好的義大利餐館也都用油大方。在我看來，如此的用量可以讓菜餚的味道達到完美的平衡，但是你可以不同意。你可以把任一道食譜裡牛油、橄欖油或鮮奶油的用量減半，做出更養生、更家常的口味。用鹽時要考量的那兩點也適用於油脂。

份量

這書裡的食譜，除了有特別註明的之外，一概是兩人份的主菜或輕食，或是四人份的前菜（一人份主菜100克乾麵，或大約等量的麵餃和濕麵）。雖說麵一次煮多一點比較好煮，但這裡的食譜麵量都不算多。不過你可以按比例增加或減少，只要先確認鍋子夠大（還有爐火夠強）。

煮麵

煮麵的容器要夠大，好讓麵在裡頭自由滾動；煮醬拌麵的煎鍋也不能太小，免得麵和醬擠成一團，沒法拌攪均勻。麵要煮得「彈牙」（或有點嚼勁）才符合當代人的口味，雖然古時候的人會把麵煮得跟當今英國的學校午餐一樣——軟爛得簡直像麵糊。

在麵嚐起來略嫌過於彈牙的時候撈起來瀝乾，這步驟很重要，因為擱在濾器裡尚未盛盤的這段珍貴時間裡，麵本身的熱度會持續讓麵慢慢熟透；況且書裡大多數的食譜都會把麵放入煎鍋裡和醬汁攪拌，所以還會再多煮一分鐘。因此必須精準拿捏：在你認為麵就快要煮好的前一兩分鐘，每隔15至20秒就要試吃一下。

煮麵不需要特殊設備，只要一口深鍋、一只煎鍋和一把濾器就行了。如果你願意購置好用的器具，那就買個義大利麵專用鍋具——附有濾孔的內鍋可以讓你快速瀝乾麵條，又可以留住滾水，而且厚重的麵體也不會黏在鍋底。

義大利麵的製作方法

粗粒麥粉麵食 Semolina Pasta

最簡單的一種義大利麵，只需要麵粉和水，不需要加別的。

你不用大費周章地自己擀這些需要用機器壓製的麵條，如大水管麵（rigatoni）和圓直麵（spaghetti）一類的；事實上，比較細的麵食都需要事先晾乾，所以買包裝販售的成品是最理想的。況且若沒有斥資購置設備，是不可能在家裡製作這些麵食。

「有鄉下人氣息」的麵食自然都比較渾厚一些——傳統上都是手工擀的，如貓耳朵麵（orecchiette）、特飛麵（trofie）、扭指麵（cavatelli）等形狀呈不規則的都是。這些麵款晾乾後不消說都要煮很久才會熟，等到蕊心熟透，外層往往已經糊了。在家製作這一類的麵食費工又耗時，不過一旦做成，你會覺得花這些力氣很值得。

至少這類的麵團三兩下就可以揉好，只要找對了麵粉：杜蘭小麥粉（semola di grano duro）——即粗粒麥粉（semolina），是用硬質小麥中度研磨而成的麵粉；或杜蘭小麥細麵粉（semola di grano duro rimacinata），一般簡稱為 semola rimacinata，同樣用杜蘭小麥製成，不過是二度磨成，質地較為細緻。

你也可以用英國市面上買得到的粗粒麥粉來取代義大利產杜蘭小麥粉，只不過它不是用來製作義大利麵的（也不是製作麵包用的）。市售的粗粒麥粉，麩質蛋白含量較少，比較不會產生筋性，所以水的用量要稍微少一些，做成的義大利麵也比較沒有嚼勁。不過當我們用盲眼測試的

方式來比較這兩種麵粉製作的麵食時，幾乎分辨不出來。

　　將杜蘭小麥粉和水以二比一的比例（亦即100克麵粉對50毫升的水，等於一人份的麵量）和勻，揉好後讓麵團靜置幾分鐘再開始塑形。麵團的質地應該是柔軟得可以擀揉（就像彈力球一樣），但也要夠乾燥，不會很容易就黏在一塊兒。有個好方法可以測試：將麵團按壓在乾燥的木製案板上，如果做來毫不費力，麵團不會黏在案板上，而且麵團從手上剝落時表面粗糙不平，這樣的質地就對了。

雞蛋麵 Egg Pasta

　　最常在家裡自製的麵。以下三種作法的麵，各有各的用處，但實際上都可以相互通用。

技術上的叮嚀

　　雞蛋麵團要先擀成麵皮再裁切或搓捏。現今通常都是機器擀的（家庭用的擀麵機都不貴），用機器不會出錯，而且很方便。先把機器設定在最厚的刻度，碾壓出來的麵皮對折後轉九十度，再送入機器碾壓，如此反覆幾次，好讓麵的筋性往各個方向延展，然後再逐步地碾得愈來愈薄。傳統的作法，毫不訝異的，是用長長的（好幾呎長）擀麵棍在平坦的木案上擀。麵皮會被擀成大大的圓盤狀，當它變得過大又過薄，擀起來很不俐落時，就會把它像包裝紙般捆捲在擀麵棍上繼續擀。要是麵皮從擀麵棍鬆脫，便把它攤開來，重新用擀麵棍捲緊，繼續反覆地擀，直到它夠薄為止。相較於擀麵機擀的麵皮，手擀麵皮的優點是可以用較軟、較濕的麵團（事實上一定要用這樣的麵團）來做，煮出來的麵更Q彈可口；但缺點是你要花許多的工夫才成。就看你的選擇了。

成品

　　不論是手擀的或機器擀的，都要把麵團擀成平坦光滑的麵皮，而且看不見任何麵粉顆粒。要是你手腳夠快，麵皮會很有黏性，很容易彼此相黏，但不容易黏在其他東西

上。這麼一來，製作包餡的麵餃時，就不必刷蛋液或水，麵皮便可以相互黏合。如果不打算包餡，而是要裁切麵皮搓捏塑形，得先將麵皮稍微晾乾，等麵皮呈現皮革的質感時再動手（否則麵皮會黏在一起）。

如何精準拿捏

雞蛋大小不一，麵粉所含的水分和麩質蛋白不同，每天的天氣不一樣，各地的氣候迥異——所以你得要自己拿捏麵團的軟硬度（不管是機器擀的還是手擀的都一樣）；因此，以下的作法在計量上會變得不準確。實際操作一兩回之後，你就會知道在什麼情況下要多加點麵粉或蛋。一般的原則是，麵團的彈性要和你上臂的肌肉放鬆時的彈性不相上下。

關於材料

在下面的作法裡，我只提到蛋和麵粉。你可以幫麵條上點顏色，添一點滋味，不過在我看來這樣只會讓你分心，通常還是能免則免。因此雞蛋和麵粉是最重要的。這樣說也許很蠢，但我還是要叮嚀你，挑選蛋黃時，色澤愈深黃愈好。蒼白的麵條不僅不好看，吃起來也淡而無味。我都選用天曉得吃什麼長大的義大利母雞孵的蛋（我想是摻了最純淨的玉米和胡蘿蔔素的飼料），這些蛋讓我的義大利麵呈現毛茛花黃澄澄的光澤。

最好是用00號軟質小麥粉（00 farina di grano tenero），但是用中筋麵粉也可以。若要摻粗粒麥粉的話，最多可以摻到三分之一，這麼一來，麵的質地沒那麼光滑，但吃起來較有嚼勁，而且晾乾的時間也會縮短。

雞蛋

這本食譜書用的一概是大型雞蛋。超市賣的大型雞蛋和中型雞蛋大小差約百分之十。你也可以用中型雞蛋取代大型雞蛋，這樣無妨，但很少人這麼做，多數人會用十顆中型雞蛋取代九顆大型雞蛋。

簡單的蛋麵

這種麵不論搭配什麼菜色都很好吃，在翁布里亞（Umbria）和艾米利亞－羅馬涅（Emilia-Romagna）地區尤其常見。

每100克麵粉加1顆雞蛋，麵團揉勻後靜置一會兒再擀。200克麵粉和2顆雞蛋足以供給三人份的主菜（以下的作法也適用這個計量）。

香濃的蛋麵

鮮黃的色澤看起來吸引人，口味也濃郁些。它堪稱是萬用麵，包不包餡兩相宜。

每200克麵粉加1顆雞蛋和3枚蛋黃。

純蛋黃麵

就現今的許多社會來說，製麵用上這麼大量的雞蛋可以說是縱欲無度，而且也很少見。這種麵團的延展性不佳，不適合用來包餡。這在皮蒙（Piedmont）一帶尤其普遍，著名的細麵（tajarin，見頁254）即是一例。

每200克麵粉加8枚蛋黃。

煮麵水

所有的麵都要用大量的滾水來煮，每公升加12克的鹽，除此之外什麼都別加。

三種茄汁醬

茄汁醬不僅本身是一種醬，也是烹調其他菜色很好用的佐料。下面的三種醬，作法差別不大，但滋味大不相同。

味道最清淡的茄汁醬最適合搭配最精緻的麵款，尤其是細直麵（spaghettini），或是滋味細膩的麵餃，例如：糖果餃（caramelle）、方餃（ravioli）、馬法提（malfatti）一類的。這醬汁味道鮮美，比以油為底的醬含有更多水分，嚐起來很像吃新鮮的番茄，很常用來拌麵。我的冰箱裡隨時備有這種醬，每當有別的醬料需要添一點番茄風味時，我就會加一點這種茄汁醬。

味道最濃厚的茄汁醬熬煮過，比較油膩，一點點的量就足以裹覆粗大的長麵條——圓直麵、義式烏龍麵（pici）；或有溝紋的管狀麵，像是溝紋筆尖麵（penne rigate）、旋紋通心管（tortiglioni）、大水管麵。因為熬煮過，酸度高，很適合冷藏——比起清淡的醬，我很少用這種濃厚的醬，但它可以保存很久。

味道適中的醬最像「尋常」的茄汁醬，就我來說，它其實沒什麼特色。即使我偏好另兩款滋味鮮明的茄汁醬，但它仍不失為一種很好的萬用醬。

淡味的茄汁醬

1公斤帶蒂熟成的番茄
3瓣大蒜，切片
4大匙特級初榨橄欖油
1小撮紅辣椒末（依個人喜好
　　而加）
1/2匙圓挖匙的細海鹽
可製成700毫升的醬，足以佐
　　500克的乾麵

　　番茄切大塊，攪碎成番茄泥（連皮帶籽）。用3大匙的橄欖油爆香蒜片，煎到熟透但不致上色；續加入紅辣椒末、番茄糊和鹽。煮到醬料沸騰冒泡後，繼續煮到醬汁稍微變濃（你會發現泡泡變大），但一點也不稠。此時這茄汁醬嚐起來應該很鮮美，但毫無生味。加胡椒和剩餘的橄欖油調味即成。

適中的茄汁醬

3瓣大蒜，切片
6大匙特級初榨橄欖油
1小撮紅辣椒末（依個人喜好
　　而加）
500克帶蒂熟成的番茄，切碎
500克罐頭番茄，切碎或壓碎
1/2匙圓挖匙的細海鹽
可製成600毫升的醬，足以佐
　　600克乾麵

　　起油鍋爆香蒜片，等蒜片開始上色，便放入紅辣椒末，續加番茄糊和鹽，以及少許的現磨黑胡椒。將醬料煮沸冒泡，煮得變稠，前後約一小時。在這三種茄汁醬裡，這一款的味道最接近市售的茄汁醬。和其他兩款比起來，這一款我最不喜歡，但它是很好用的醬料，許多菜色都要用到它。

濃厚的茄汁醬

4瓣大蒜，切片
5大匙特級初榨橄欖油
1小撮紅辣椒末（依個人喜好
　　而加）
1公斤罐頭番茄，切碎，或壓碎
1/2匙圓挖匙的細海鹽
可製成500毫升的醬，足以佐
　　700克的乾麵

　　起油鍋爆香蒜片，煎到金黃（當你開始擔心會不會燒焦但又沒真的焦掉時就是好了），續入紅辣椒末、番茄糊和鹽。將醬料煮沸，然後細火慢熬，熬到醬料變得濃稠，而且油脂全浮在表層。要是你用小木勺攪拌（你一定要用勺子不時攪拌，醬愈稠愈容易燒焦），木勺往醬料裡一插可以直立不動的話，醬就是煮好了。

AGNOLOTTI
半月餃

大小
長：50毫米
寬：25毫米

同義字
agnellotti、agnulot、angelotti、
langaroli、langheroli、piat
d'angelot

對味的烹調
清湯；茄汁醬；鼠尾草奶醬；
以湯汁煨煮

半月餃基本上和方餃（頁208）是一樣的，只不過它不是用兩片方形麵皮疊合，而是用單片麵皮對折捏出來的。這麵皮可以是圓的（做成如圖示的半月餃），也可以是長方形的（捏成方形或長方形的牧師帽餃）。這款麵餃是皮蒙地區的特產，名稱據傳源自鼎鼎大名的創始人，蒙弗拉多（Monferrato）一位名叫Angiolino的廚子，當時的人管他叫「Angelot」（古時的拼法是piat d'angelot或angelotti，這些古名至今仍時而可見）。

依照古習俗，在可以縱情吃喝的日子（亦即平時）和齋戒期間（在某個時期一年有一百五十天不能吃肉），包的餡料不同：

¶「素」的半月餃（Agnolotti di magro，齋戒期間吃的）——內餡是混以乳酪和蛋的菜泥，也許加點麵包屑。也可以用野香菜大肚餃的餡（頁182），或方餃的利科塔乳酪波菜泥（頁210）來包。

¶「葷」的半月餃（Agnolotti di grasso，平時吃的）——包的是水煮過的仔牛胸肉，高湯可以先用來煮牛肉，接著煮麵餃，最後當湯餃的湯底。另一種作法是包紅燒肉（pot-roasted meats），如頁22食譜的餡料，然後澆一些紅燒肉汁來吃。

就如皮蒙地區所有的麵食一樣，半月餃會拌著牛油和乳酪來吃，這種吃法一來顯示了這地區的富庶，二來也透露出它的氣候不利於生產橄欖。

MAKING AGNOLOTTI
半月餃的作法

十六人份的主菜

1.4公斤香濃蛋麵團（見13頁）
200克仔牛或羔羊的腦髓
250克菊苣
200克仔牛瘦肉（前腰肉、菲力
　或薄肉片），切成2公分方塊
200克豬瘦肉（前腰肉或後腿
　肉），切成2公分方塊
100克牛油
1顆中型洋蔥，切碎
1瓣大蒜，切碎
3支迷迭香，去葉
15-20片鼠尾草葉
100克風乾生火腿肉片
　（prosciutto crudo）
2顆蛋
150克帕瑪森乳酪屑
80毫升濃的鮮奶油（double
　cream）

這內餡和牧師帽餃（頁22）的餡很類似，就某些方面來說做起來更簡單（用不著先做紅燒肉），也更具挑戰性（每一樣食材都是生的，而且你得曉得從哪兒弄來腦髓）。選擇你覺得方便的作法——不管哪種作法都美味。

　　腦髓放進滾沸的鹽水裡，以文火汆燙10到12分鐘，之後讓它浸在鹽水裡慢慢冷卻，取出後把不美觀的薄膜剝掉。菊苣放入調好鹹度的鹽水裡煮到軟嫩（2分鐘），撈起後放涼，並盡量擰乾。

　　將牛油加熱，以中大火烙煎仔牛肉和豬肉，煎約10分鐘，煎到每一面都焦黃。接著下洋蔥、大蒜、迷迭香和鼠尾草，稍微把火轉小，續炒10分鐘到食材變軟。關火，讓肉料留在鍋裡放涼。

　　剩下的食材放入鍋裡拌勻，然後全倒入食物調理機的碗內（把煎肉的油汁也一併倒進去），按下開關，直到肉料的質地變得細滑。如此做出來的餡，約1公斤多，足夠用光1.4公斤的麵團，包出一大堆半月餃。餃子也可以少做一點，把多餘的餡冰起來，改天再用（可以再用來包半月餃，也可以包別種餃子，像是小餛飩〔頁262〕、方餃〔頁208〕，或做麵捲〔頁50〕等等）。以這份食譜來說，餡和麵團在用量上是五比六，每人可以分到75克的餡，也就是吃到150克的半月餃，因此會多出一些麵團來。你也可以多花點時間把餃子全數包好，多餘的生餃子則冷凍起來。

　　取適量的麵團，擀成比1毫米還薄的麵皮，用壓麵機來擀的話，大多數的機器要轉到次薄的刻度。用直徑5公分的圓形切模扣出一片片麵皮，將一坨鷹嘴豆大小的餡放在圓麵皮中央，麵皮對折成半圓，把餡包在裡頭，輕輕壓出麵皮內的空氣，然後捏壓圓弧的邊緣，使之黏合，這過程手腳要快。要是麵皮太乾沒

辦法黏合，或是麵皮上麵粉過多（擀麵時你不用撒麵粉），你可以在包餡之前先在麵皮噴上薄薄的一層水。捏好的餃子平鋪在灑了粗粒麥粉的托盤上。

AGNOLOTTI ALLE NOCI
半月餃佐胡桃醬

四人份

550克或1/4依上述食譜製作的半月餃

胡桃醬
100克去殼的胡桃
60克麵包（去皮）
4大匙牛奶
1大匙奧瑞岡葉，或5片鼠尾草葉
80克帕瑪森乳酪屑
300毫升的水
150毫升特級初榨橄欖油
帕瑪森乳酪屑適量

適合這道醬料的麵款
agnolotti dal plin、fazzoletti、fettuccine、pansotti、pappardelle、ravioli、tagliatelle、tortellini、tortelloni

除了沒加大蒜、多摻了水之外，這道醬和佐壓花圓麵片（corzetti）的胡桃松子醬（頁82）幾乎沒兩樣。沒加大蒜頗合我的胃口。要是你胡桃松子醬做太多，可以把醬稀釋後拌半月餃吃。

如果胡桃的顏色很深，而且略帶苦味，把它浸泡在滾水裡15分鐘，撈起瀝乾，剝掉外層的暗色皮。麵包放進牛奶裡浸潤，然後和胡桃、奧瑞岡或鼠尾草以及帕瑪森乳酪屑一起放入食物調理機攪碎。你可以讓醬料留有些許的顆粒，也可以把醬料打得滑順細緻，這兩種作法各有各的優點，端看你的喜好。我個人偏愛質地滑順的醬。

把橄欖油倒入醬裡，接著徐徐注入300毫升的水，最後用鹽和胡椒調味。

餃子下鍋煮的時候，醬倒進寬大的平底鍋裡加熱。這時你會看見奇妙的變化：醬料裡由香草和胡桃皮所呈現的綠色色調會轉為紫色。把餃子瀝乾，使之彈牙，拌入醬汁裡，當餃子均勻地裹著醬汁後起鍋盛盤，灑上帕瑪森乾酪屑即可享用。

AGNOLOTTI DAL PLIN
牧師帽餃

大小
長：41毫米
寬：23毫米

對味的烹調
清湯；拌胡桃醬；拌奶油醬；
以湯汁煨煮；佐阿爾巴白松露

牧師帽餃是捏製或打褶的小半月餃（頁16），plin這字眼在皮蒙地區的方言裡是掐捏的意思。這款餃子大多包肉餡，做成湯餃來吃，褶疊的麵皮可以增添口感，拌醬時，褶處則會留住醬汁。和小餛飩（波隆納版的麵餃，頁262）一樣，可以進一步佐白松露吃，尤其是做成湯餃時，這是節慶常見的菜餚。它形狀小巧，需要靈敏的指尖功夫，所以不是天天吃得到的，而是家有喜事，或家庭主婦為了打發漫長的冬日黃昏才會做的麵食。

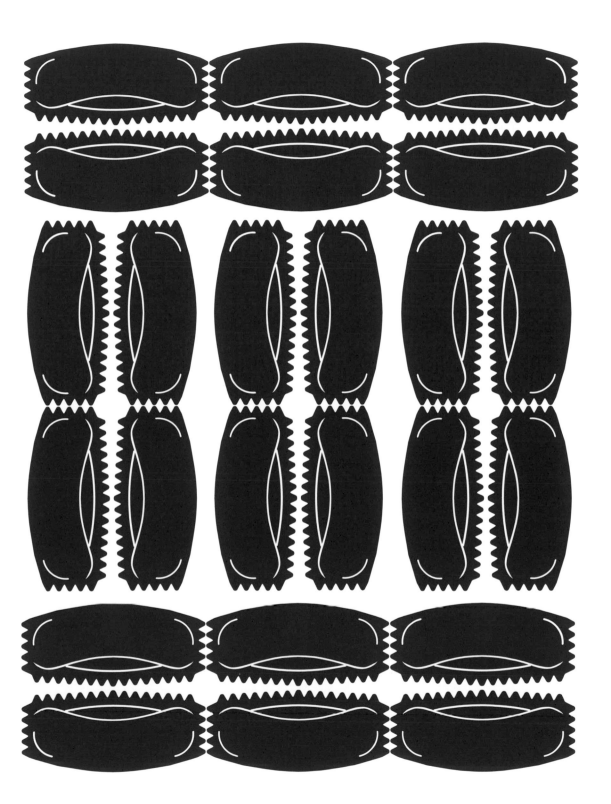

MAKING AGNOLOTTI DAL PLIN
牧師帽餃的作法

四人份

150克甘藍或菊苣
25克牛油
400克吃剩的燜燉、紅燒的仔牛
  肉或豬肉*
4片鼠尾草葉
80克帕瑪森乳酪屑
1顆蛋
肉豆蔻

這款餡料是簡易版的半月餃子餡（頁18），這兩種餡可以相互通用。

　　300克的麵團（200克麵粉做成的香濃麵團）需要200克的餡（多的可以冰起來），可製成500克的餃子，大約可以餵飽四個人。

　　做餡料時，先把蔬菜放到煮開的鹽水裡燙軟，撈起瀝乾水分，將菜葉鋪在棉布上散熱、晾乾。晾乾後將菜葉剁碎，用手把菜葉裡額外的水分擰出來，然後用牛油以小火炒幾分鐘，放涼。涼了後和其他的食材一同放進食物調理機絞打，直到餡料的質地變得滑順柔細。

　　接著做餃子皮，把麵皮擀得比1毫米略薄（擀麵機大多要轉到最薄的刻度），然後裁成5公分寬的長條。若麵皮太乾而無法黏合，可刷上少量的蛋液或水。沿著長條的中央放上一坨坨榛果大小的餡料，每坨之間相隔15毫米。拉起麵皮的長邊，朝你的方向折（折疊處距你較遠，兩個長邊則面向你），讓麵皮鬆弛地覆蓋在餡料上。包「一般」的麵餃時，你會把餡料周邊的麵皮壓合，這裡則不一樣！你將包餡處的兩側邊壓平，接著立起整排包餡部分，並把麵皮間的空氣往外推出去。然後把立起的一整排包餡部分往下褶，將靠近你的麵皮褶線捏平，並且封住麵皮的長蓋口。用滾輪刀（其實任何裁切工具都可以）切出一個個餃子，可以裁出波浪形花邊的滾輪刀通常最受歡迎。做好的餃子下鍋前先一層層平鋪開來，或冷凍起來改天再煮。

* 也可以用100克水煮的仔牛腦髓來取代1/4的肉量，如此一來，肉餡的口感會更加滑順，味道也會更濃郁。如果必須特地燉肉，可準備500至600克的生肉，用牛油烙煎後，加一些香草和白酒，蓋上鍋蓋煨一兩個鐘頭。——原注

AGNOLOTTI DAL PLIN CON BURRO E SALVIA
牧師帽餃佐鼠尾草奶醬

四人份前菜或兩人份主菜

250克的牧師帽餃
100克牛油
16片鼠尾草葉
帕瑪森乾酪適量

適合這道醬料的麵款
agnolotti、cappelletti、ravioli、
tortelli、tortellini、tortelloni

鼠尾草奶醬是佐搭麵餃類最簡單的一種醬料，也是最棒的一款。鼠尾草是我最喜歡的香草之一，它的氣味總讓我聯想到風韻猶存的良善女人——優雅、柔媚、複雜而且略帶滄桑。鼠尾草配上牛油特別對味，尤其是煎到稍微變色時，就連最簡單的餡料也會被襯托得美味無比。

按平常的方法煮麵餃，也就是下到鹽水裡煮，以這款餃子來說，煮個兩三分鐘就行了。你可以趁煮餃子的短暫空檔製作醬料。用牛油煎鼠尾草，等牛油變色時（油的脆渣呈焦褐色），加入一勺（約100毫升）煮麵水，並晃動鍋子。你一晃動鍋子，鍋裡的液體會冒泡，開始乳化而變得濃稠。把瀝乾的餃子（餃子還要下鍋和醬汁拌煮個二十幾秒，所以不能煮到熟透）放進鍋子裡時，乳醬應該還有點水水的，繼續以中火熬煮，汁液會滾沸而慢慢變稠。當醬汁呈現鮮奶油的質地而且均勻地裹在餃子表面時，奶醬就完成了。試一下鹹淡並調味（煮麵水很可能已經提供了足夠的鹽分），起鍋盛盤，灑上大把的帕瑪森乳酪屑。

ALFABETO
字母麵

大小
長：4.5毫米
寬：3.5毫米

對味的烹調
蔬菜濃湯（acquacotta）；
牛油雞湯

字母麵，顧名思義就是做成字母形狀的迷你麵食
（pastina），通常會加在湯裡食用。這款麵準是為了討
兒童歡心而發明出來的，也很受寓教於樂的父母以及
回味童年歡樂時光的成人喜愛。

MINESTRA DI ALFABETO
字母麵雜菜湯

四人份前菜或兩人份主菜

80克字母麵
一小把蘆筍
一根櫛瓜，切成1公分見方小丁
700毫升雞高湯，最好是過濾後
　的清湯（見頁242，也可以用
　蔬菜高湯）
10片羅勒葉
1大匙特級初榨橄欖油

適合這道湯品的麵款
canestrini、quadrettini、stelline

任何蔬菜都可以用來做這道湯品（這裡只用蘆筍和櫛瓜），這道湯好喝到連大人也不會計較這拐你多吃些青菜的花招。

　　切除蘆筍的硬梗，將脆嫩的部分切成1公分小段，蘆筍尖則保留原狀。

　　將高湯煮開，試一下鹹淡，然後下字母麵，在麵快煮好的前一分鐘加入青菜。起鍋前拌入羅勒葉，淋上橄欖油即成。

ALFABETO WITH KETCHUP
字母麵拌番茄醬

大人一人份或兒童兩人份

100克字母麵
50克番茄醬，多準備一些以
　裝飾用
50克牛油

字母麵下鍋煮，趁煮麵的空檔，把番茄醬和一半的牛油放入煎鍋裡一同加熱，澆一些煮麵水進去，做成醬汁。撈出字母麵瀝乾，和另一半的牛油拌勻。把醬汁舀到溫熱的盤子內鋪平，在盤子中央堆一堆小山似的字母麵，山頂上點綴一些番茄醬——以圓點裝飾，如果番茄醬瓶是可以擠壓的塑膠瓶，而你的手也夠巧，可以寫下孩子的小名。

ANELLETTI
小指環麵

大小
直徑：8毫米
長：2.5毫米
管壁厚度：1.5毫米

同義字
cerchionetti、taradduzzi、
anidduzzi（西西里島）、
anelloni d'Africa、anelli

類似的麵款
anelli、anellini

對味的烹調
清湯

至今在南義還看得到的大圈圈麵（anelloni d'Africa），
最早出現於1930年代，大概是一次大戰期間，從義大
利軍隊為之風靡的某些非洲婦女戴的圓形大耳環得到
的靈感。小指環麵是大圈圈麵的小兄弟，義大利文的
意思就是「小指環」。小指環麵如今相當普遍，但最
著名的是西西里人用它製成的烘烤麵餅圈，放涼了吃
尤其美味。這道菜傳統上是義大利人到海邊歡度八月
節（Ferragosto，每年八月中旬的國定假日）時會準備
的麵點。作法參見次頁。

在義大利小指環麵還有別的吃法——主要是做成
湯麵來吃。不過這種吃法顯然在海外比在義大利本土
還流行——拉開罐頭拉環（說不定是市面上僅存的罐
頭義大利麵當中最受歡迎的一款），就有一碗香噴噴
的小指環麵等著你。

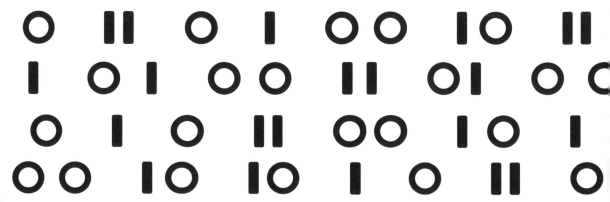

ANELLETTI AL FORNO
焗烤麵餅圈

六到八人份的野餐

300克小指環麵
1顆中型洋蔥，切丁
1片西芹，切丁
1瓣大蒜，切末
50毫升特級初榨橄欖油
30克牛油，多準備一些以塗抹
　　烤盤
250克豬絞肉或牛絞肉
1/2小匙乾紅辣椒末
200毫升紅酒或白酒（豬絞肉
　　加紅酒，仔牛肉加白酒）
500毫升番茄糊
200克冷凍豌豆或汆燙過的新
　　鮮豌豆
3大匙平葉荷蘭芹末
3大匙羅勒葉末
100克卡丘卡瓦羅乳酪
　　（caciocavallo）或普洛法隆乳
　　酪（provolone），切丁
50克佩科里諾（pecorino）乳
　　酪屑
1-2顆蛋（依個人喜好而加）
40克麵包粉

適合這道醬料的麵款
ditali

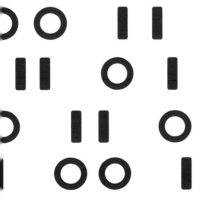

這道做好後呈中空圈餅狀的麵食是西西里的經典菜色。復活節期間以及外出野餐時最受歡迎的這道菜，在室溫下放涼後最好吃——喜歡在客人上門前預先備妥餐點，或不確定客人何時登門的情況下，做這道菜宴客最是理想。想做成素食的話，省略絞肉，麵送進烤箱前拌入350克切丁的莫扎瑞拉（mozzarella）水牛乳酪。

　　用牛油和橄欖油以中火煎炒洋蔥、西芹和大蒜，加一大搓鹽巴，炒到變軟，大約10分鐘。接著絞肉和辣椒末下鍋，把火轉大，炒15分鐘，直到肉變得焦黃。絞肉下鍋後的前5分鐘，用鍋鏟把絞肉攪散，等肉變得灰灰的而且呈現碎粒狀時，才偶爾翻炒一下就好，讓肉有時間充分上色。注入紅酒或白酒，待汁液收乾到一半，加進番茄糊和豌豆，隨即轉小火，讓汁液保持微滾，煨煮45分鐘，直到醬汁變得非常濃稠。試一下鹹淡。

　　另一頭，麵下鍋煮至彈牙，撈出瀝乾，加進煮好的醬汁裡攪拌，同時把香菜和大部分的兩種乳酪拌進去。如果你希望麵餅的質地更綿密，可以再打入一兩顆蛋；我偏好有點粉鬆的口感，所以會遵循古法不加蛋。在大小適中的烤盤（直徑24公分的圓烤盤或28公分的中空環形烤盤最理想）上抹一層牛油。可能的話，在烤盤底層鋪一張抹上牛油的烘焙用紙，滿滿地灑一層麵包屑，多出來的麵包屑留著備用。倒入醬麵混料，用杓子背面壓平，將剩下的乳酪和麵包屑灑上去，送進預熱過（風扇式烤爐以攝氏200度預熱，傳統式烤爐以攝氏220度預熱）的烤爐內，烘烤45分鐘，烤到每一面都焦黃。取出後放涼，靜置至少兩個鐘頭，才把麵餅倒扣到盤子上——這道菜放涼才好吃，溫熱時麵體會鬆散碎裂。

BIGOLI
圓粗麵

大小
長：155毫米
直徑：2.5毫米

類似的麵款
fusarioi、passatelli、pici

對味的烹調
熱那亞肉醬（tocco）；青醬；臘腸醬；干貝和百里香；窮人的松露（tartufo dei poveri）；辣味茄汁醬（arrabbiata）；風月醬（puttanesca）

從前的威尼托（Veneto）地區，沒有哪戶人家沒有製麵機（bigolario），堅固耐用的手搖製麵機，通常固定在廚檯或案板的一角，可把用全麥麵粉加水和成、時而還會打入一顆鴨蛋的堅實麵團壓入銅模內，擠壓出來的麵條很像粗厚的圓直麵，不過表面粗糙，故稱圓粗麵，是威尼托的招牌麵食。這款麵應該像織襪子的織針一樣粗，不過現在屋裡頭還有織針的人家，和會自製圓粗麵的人家一樣罕見。儘管如此，狀似針織用品的麵食從未消失，另一種鮮為人知的變化款是紡綞麵（fusarioi），得名自紡綞（fuso da filare）。

圓粗麵之所以獨特，關鍵有三。首先是麵粉。用全麥麵粉做成的麵不多見，這種麵因而有種質樸的土味和討喜的口感，而且非常養生。其次是它的新鮮度。粗圓麵是除了義式烏龍麵（pici，頁198）之外，唯一在傳統上會現做現煮的圓柱形麵條。由於麵條是現做的，麵的蕊心保有水分，所以儘管麵條粗，不僅不需久煮，而且煮好後Q彈有嚼勁，彈牙之餘不會有點脆脆的口感。最後是麵條的表面粗糙，因為是粗硬的麵團經銅模擠壓製成的，粗糙不平的表面反而比表面光滑的麵條更能吸附醬汁。

MAKING BIGOLI
圓粗麵的作法

350克全麥麵粉（可能的話，用細磨麵粉）

50克杜蘭小麥粉（摻這種麥粉不是傳統作法，但口感很討喜，如果你執意遵循古法，就多加50克全麥麵粉）

3顆大型雞蛋

50毫升水

你不可能按照這份食譜把麵做出來，因為一定要用製麵機才行——操作這機器時你有如駕著一匹練體操的馬，其一端附有一根銅製的手搖桿。既然就連威尼托（圓粗麵的發源地）也沒有幾戶人家有這種設備，我想家裡有這種機器的讀者就更少了。

所以這裡提供幾個偷機取巧的招數：

1. 買乾的圓粗麵
2. 買乾的全麥圓直麵
3. 買新鮮的圓直麵
4. 把麵團擀成1.5毫米厚的麵皮，用刀或用切細切麵（tagliolini）的切麵機切成非常細的方麵條——雖然形狀不對，但仍然適用。
5. 這不是我的主意，但是行得通：把絞肉機裡的刀具拆下來，將機器轉到最細的刻度，把麵團送進去絞。

這份食譜是給家裡湊巧有製麵機的人，或有興趣試試第4招或第5招的人參考的。

把所有材料和勻（使勁揉15分鐘），靜置1小時後再送入製麵機。任擠壓出來的圓粗麵直接落在灑了大量杜蘭小麥粉的木板上，讓它們自行沾附麥粉，免得變乾硬。趁新鮮煮來吃。

BIGOLI IN SALSA
圓粗麵佐鯷魚醬

四人份前菜或兩人份主菜

半份的新鮮圓粗麵（或200克
　乾麵）
140克鹹味的整條鯷魚或鹽漬的
　沙丁魚，或80克這兩款魚柳
1顆中型洋蔥（200克）
4大匙特級初榨橄欖油
125毫升白酒
250毫升水
1匙半平葉荷蘭芹末

適合這道醬料的麵款

bucatini、maccheroni alla
chitarra、pici、spaghetti

顯然的，和圓粗麵速配的醬料只有一種。假使你喜歡
鯷魚，引爆味蕾的彈藥如下。

　　就如窮人的松露（頁158）一樣，這是一道稍微
偏乾的醬，和新鮮麵條是絕配。要是你買不到或沒法
自己做圓粗麵，新鮮的圓直麵是最方便的替代品。

　　如果你用整條鹹魚來做的話，先用冷水沖洗魚，
一面沖洗一面片魚。接著把鯷魚柳或沙丁魚柳切碎，
不用切得很細。

　　將洋蔥對半切開，之後以刀面和紋理呈垂直的方
向切成細末，連同魚肉和橄欖油一起放入足以容納全
部麵條的夠大煎鍋內。開中火，拌炒10分鐘左右，這
期間要不時攪拌，好讓鯷魚肉或沙丁魚肉散開來，炒
到洋蔥丁變軟開始上色。這時倒入白酒和水，以文火
煨煮45分鐘左右，直到醬汁變得乾稠。

　　麵條下滾水煮，煮到稍嫌有點硬之際，撈起放入
煎鍋內，順道加幾匙的煮麵水進去，以及一大匙的荷
蘭芹末。把麵和醬汁拌勻，直到麵條均勻地沾裹著醬
汁──醬汁要看起來有點乾的樣子，不過嚐起來一點
也不乾（要是嚐起來也乾乾稠稠的，澆一些水進去）。

　　起鍋後將剩餘的荷蘭芹末灑在麵上。一般而言，
我不會在擺盤上過分講究，也不討厭一整盤黃黃褐褐
的食物，它的味道通常很棒。但話說回來，這道醬料
的色澤實在很讓人倒胃口，所以你不妨在擺盤上花點
心思，比方說叉起滿滿一叉子量的麵條，抵著湯匙旋
轉，把麵條捲成鳥巢造型，在每個盤子上精心地堆幾
堆，最後灑上荷蘭芹末添點綠意。

BIGOLI ALL'ANATRA
圓粗麵佐鴨肉醬

四人份前菜或兩人份主菜

半份的新鮮圓粗麵（頁30）或
　　200克乾麵

鴨肉醬材料

1隻全鴨（2-2.5公斤）
2顆洋蔥
2根胡蘿蔔
3片西芹
4瓣大蒜
4片月桂葉
50克牛油
400毫升紅酒
250克罐頭番茄塊或新鮮番茄泥
葛拉納（grana）乳酪屑，如帕瑪
　　森乳酪*

適合這道醬料的麵款

maccheroni alla chitarra、
maltagliati、pappardelle、pici、
spaccatelle

我仔細想了想，和圓粗麵速配的醬汁其實不只一種。下面的食譜用煮過鴨的鴨高湯來煮麵，並用熟鴨肉來做醬，作法雖古老，但很值得一試。

取出鴨內臟，把鴨胗、鴨心、鴨肝剁碎，置一旁備用。把整隻鴨煮熟，然後用腿肉來做醬。煮熟的鴨胸肉可以留著，佐水煮馬鈴薯和義大利北部特產的芥末蜜餞（mostarda）做成第二道菜；或是事先把生的鴨胸肉切下來，留待改天做豪華一點的料理。

把鴨放入一口大鍋內，同時扔進1顆洋蔥、1根胡蘿蔔，1.5片的西芹、2瓣大蒜和2片月桂葉，鍋內注入水，水剛好蓋過鴨隻，加點鹽巴調味（別放太多），以文火煮1.5小時。煮好後將鴨隻瀝出，置一旁等它稍微涼了再著手處理。撈除鴨高湯的浮沫，將雜質過濾掉，之後高湯再倒入鍋內留著備用。

要是你連鴨胸肉一起煮，先把鴨胸肉切下來，置一旁等會兒再處理。眼下你先把鴨腿、鴨翅和鴨身等部位的肉（別忘了鴨脖子的肉）撕扒下來，粗略地切碎。我會把大半的鴨皮也一同加進來做醬，增添醬的滋味，不過你也可以剁掉鴨皮不用。

把餘下的蔬菜切成小丁，大蒜切末。在一口中型煎鍋內熱牛油（也可以撈高湯表面的浮油來用，如果你想的話），放入蔬菜丁、月桂葉和剁碎的內臟炒香，翻炒10分鐘左右，直到 食材全部變軟。

將紅酒倒入煎鍋內，汁液收乾成一半後，再倒入番茄糊、粗切的鴨肉和滿滿一杯（250毫升）的高湯。接著以文火慢燉，燉到肉醬變得又濃又稠，大約45分鐘。

肉醬快做好時，把剛剛那一大鍋鴨高湯放回爐頭

---

* grana意指熟成後硬質易碎的乳酪的統
　稱，帕瑪森乳酪即是其一。

上加熱，試一下湯頭鹹淡並調味，然後下麵。

　　等麵條煮到稍有點彈牙時，撈出，放入熱鍋內和肉醬一同拌攪，拌個1分鐘左右即可起鍋。盛盤後灑下葛拉納乳酪屑。

BUCATINI
吸管麵

大小

直徑：3毫米
長度：260毫米
管壁厚度：1毫米

同義字

boccolotti（從boccolo一字演變來的，意指「小環」或「圈捲」）、fidelini bucati、perciatelli（來自法文字percer，意指「穿孔」）；在西西里又稱agoni bucati、spilloni bucati（有孔的帽針）

對味的烹調

大蒜茄汁醬（al'aglione）；辣味培根茄汁醬（amatriciana）；鯷魚醬；辣味茄汁醬（arrabbiata）；火腿奶醬；義式醃肉和乳酪（gricia）；諾瑪醬（norma）；牛尾醬（sugo di coda）；乳酪胡椒醬（cacio e pepe）、豬肉豬皮醬；風月醬（puttanesca）；利科塔乳酪茄汁醬；鮪魚肚茄汁醬

這款麵的名稱源自義大利文buco（「孔洞」）或bucato（「打洞、穿孔」），而空心的麵自有它特定的功能。粗厚實心的麵通常要煮很久才會熟。麵條直徑達到某個厚度以上（見頁28的圓粗麵及頁198的義式烏龍麵），若用乾麵來煮，時間要很長，等麵的蕊心煮到彈牙了，外層也快糊掉了。所以粗麵通常現做現煮，因為麵新鮮，蕊心仍保有揉麵時加的水分，煮的時間會短上許多。從另一方面來說，吸管麵是在工廠裡用模具擠壓成形的麵（現代版的通心捲，頁160），為了產銷方便起見，成品在包裝前必需先晾乾；因此製成吸管狀以縮短乾燥的時間是很聰明的解決辦法，這款麵也因而得名。由於麵是空心的，煮的時候水會跑進中空的麵管內，縮短煮麵的時間，和煮圓直麵所需的時間差不多。早在微波爐問世之前，人類就已經想出法子怎麼讓食物裡外同時受熱了。

這款麵最出名的料理顯然是在羅馬很熱門的辣味培根茄汁吸管麵（bucatini all'Amatriciana）。在阿瑪特里塞（Amatrice）地區，佐這道麵的醬是做成奶白色的（頁220）；在羅馬，醬汁則因為加了番茄而呈紅色。羅馬式辣味培根茄汁醬也可以用來佐大水管麵（頁221），我絕不是想偷懶一醬多用。我在羅馬待過一陣子，每每想起在我最愛的傳統館子裡吃的辣味培根茄汁醬佐大水管麵就口水直流，順道一提，那館子是位於聖羅倫索（San Lorenzo）的馬希羅小館（Trattoria da Marcello）。

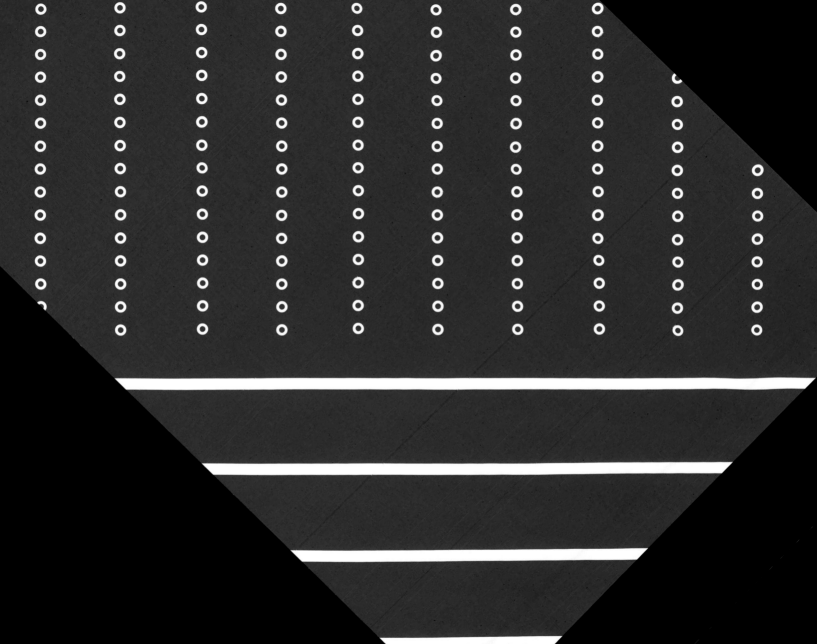

BUCATINI CARBONARA
培根蛋吸管麵

四人份前菜或兩人份主菜

200克吸管麵
100克義式醃肉，切3毫米厚片，
　　再橫切成2公分寬的肥肉條
　　（lardons）
1中匙的橄欖油
2顆大型雞蛋
80克佩科里諾羅馬諾（Pecorino
　　Romano）乳酪屑（或者帕瑪森
　　乳酪，又或兩者混合），額外
　　多準備一點起鍋後灑
大量的現磨黑胡椒

適合這道醬料的麵款

fettuccine、maccheroni inferrati、
tagliatelle、spaghetti

這道有名的麵食在二次大戰前沒有任何記載。它的起源有很多未經證實的說法：一說它是煤碳工人（carbone是「煤炭」之意）的傳統食物；一說這麵得名於「燒炭黨」（Carbonari，為謀求義大利統一而活躍一時的祕密社黨）。不論這道麵食的起源為何，很可能都源自羅馬，直到今天，羅馬依然是這道麵食靈魂的原鄉。正宗的培根蛋麵甘潤多汁、香濃油腴，豬肉多到簡直會把血管塞爆、心肌梗塞，但真的好吃到不行……

　　義式醃肉（guanciale）是豬頰肉，像義式鹹五花肉（pancetta）或培根一類的醃製品。這肥滋滋的豬肉極品，很難買到，但值得找找看。

　　麵下滾水煮。以大火油煎醃肉，煎到肥肉冒泡、邊緣有點焦黃，但中間仍然軟嫩，煎的時侯會冒出大量的煙。把煎鍋從爐頭上移開。將雞蛋打入大碗裡，加乳酪一起攪拌，灑大量的黑胡椒調味。將這大碗擱在滾水上方，藉熱氣來提高蛋液的溫度不失為一個好主意——切記，不是煮蛋，而是讓蛋液不再冰涼。麵煮好後（當然是煮到彈牙），瀝出，倒入盛有豬肉的煎鍋內，把麵和肉料拌一拌，讓油脂均勻地裹覆著麵條。一旦拌勻，馬上把鍋中物倒入盛有蛋液的大碗內，充分攪拌個1分鐘，直到蛋液多少變得濃稠。嚐一下鹹淡，灑上額外的乳酪屑，上菜。

BUCATINI AL CONIGLIO ALL'ISCHITANA
吸管麵佐兔肉辣味茄汁醬

四人份

300-400克吸管麵
一隻飼養的兔子
150毫升橄欖油
6瓣大蒜，去皮後壓碎但仍保持
　一整瓣
1或2條乾辣椒
250毫升白酒
750克熟番茄，切大塊（每顆約
　切成八份）
一把30克的平葉荷蘭芹，切末
佩科里諾羅馬諾乳酪屑（依個人
　喜好而加）適量

適合這道醬料的麵款

maccheroni inferrati、reginette、
spaghetti

這是一道滋味濃嗆的料理，一年四季都可享用。這道料理來自風光優美的伊斯琪亞島（Ischia），適合做成四人份的兩道式餐食。

把兔肉連骨切成大塊（把腿部和肩胛從脊椎剁開，切斷尾巴、脖子，劈開肋骨，軀幹剁成四大塊，別把腹膜、肝和腰子切掉。）

用一口寬大的煎鍋熱油（直徑40公分——你需要夠大的空間來烙煎兔肉，用小一點的鍋子得把肉分兩批來煎）。先爆香大蒜和辣椒，當大蒜開始變焦黃，便用漏杓把大蒜和辣椒撈出，置一旁備用。兔肉下鍋，灑一點鹽和胡椒調味，用中火把每一面煎得焦黃——火力不過大的情況下，需要足足15分鐘。將大蒜和辣椒放回鍋內，淋入白酒。讓鍋裡的肉料緩緩煮沸，別蓋鍋蓋，每5分鐘左右翻動兔肉一次。半小時後，等酒全都揮發，倒入番茄碎粒和荷蘭芹末，試試鹹淡。繼續用同樣的火力煨肉，每隔幾分鐘還是要翻動兔肉一下，這道手續所花的時間會比你想的還要久。

等醬稠得不得了，兔肉均勻地裹覆著一層濃稠的番茄糊，而且又開始出現烙煎的情況時，醬就熬得差不多了。從你加番茄碎粒算起，這時大約過了40分鐘，繼續熬煮，直到你擔心番茄快焦掉為止。這時把麵下到滾水裡煮。

這會兒鍋裡簡直沒有醬汁可言，倒入200毫升的水，黏在鍋底和肉塊上的脆渣會溶解，醬汁又會跑出來。將兔肉夾出來（先置於一個可以保溫的地方，等會兒當第二道菜），把麵（煮到彈牙，撈起瀝乾）加進煎鍋裡，在鍋裡和醬汁攪拌個1分鐘即可起鍋，喜歡的話可以灑一點佩科里諾（pecorino）*乳酪屑。

---

* 在義大利，羊奶做的乾酪都叫「佩科里諾」，佩科里諾被歸類為葛拉納（Grana），意指硬質、易碎、味道成熟甚至有點刺激的乳酪。

PASTA CU LI SARDI
吸管麵佐沙丁魚茴香醬

四人份前菜或兩人份主菜

200克吸管麵
300克新鮮沙丁魚（或150克新鮮的沙丁魚柳）
一整條鹹鯷魚，或兩片鹹鯷魚柳
25克麵包，去皮，撕成一塊塊
4大匙特級初榨橄欖油
一小株茴香球莖（葉子愈多愈好，或是一小把野生茴香，如果弄得到的話）
一顆中型洋蔥，切丁
20克松子
20克葡萄乾
2克茴香花粉（或茴香籽，磨碎）
一小撮番紅花絲，浸泡在一大匙滾水裡

適合這道醬料的麵款

maccheroni inferrati、penne、rigatoni、sedanini、spaghetti

這道菜融合了西西里島獨有的風味，有著來自原野和美麗山丘的松子、茴香及番紅花的大地滋味，還有來自島上居民所鍾愛、油脂豐富的沙丁魚所帶來的海洋滋味。

首先，將沙丁魚和鯷魚洗乾淨，把魚肉片下來。

處理沙丁魚時，一面就著水用大拇指搓洗，一面把魚鱗搓下來。接著用左手握著魚身（假設你慣用右手），背鰭抵著掌心，魚腹面向你。用右手掐住魚的頸背，把頸椎以上的部分從魚身上捻斷。接著輕輕地將魚頭往魚腹壓折，運氣好的話，你可以把脊椎連同內臟一併抽出，留下左手中兩片乾淨的魚身。

處理鯷魚時，先把鹽沖洗掉。然後一面用水沖，一面用大拇指把魚身剝成兩片，剔出脊椎。用紙巾把魚肉上的水吸乾。

將麵包塊浸在兩大匙的橄欖油裡，灑上鹽和胡椒，送進中火的烤箱裡烤，烤到金黃，取出後壓碎成麵包屑。

燒一鍋鹽水，煮開，把茴香球莖對切開來（連同綠色的莖等部分），放進滾水裡煮軟，約10分鐘。

取一口寬大的平底鍋，以中小火用油炒洋蔥，炒到透明——約10分鐘。接著松子、葡萄乾和茴香花粉入鍋，續炒10分鐘左右，直到洋蔥完全變軟。這時把茴香從水裡（讓水繼續滾）撈出，切碎。

把沙丁魚的鰭統統切掉，並把沙丁魚和鯷魚切碎。灑一點鹽調味後，下到鍋裡炒1分鐘左右，再下茴香丁，續炒5到10分鐘。

起鍋前，把番紅花連同浸泡的水一併倒入鍋內，試試鹹淡。

　　大概在你把沙丁魚下到鍋裡的時候，將麵條放進持續在滾的茴香水裡，煮到彈牙，澆一匙的煮麵水到醬汁裡。撈出麵條，放入醬裡，在醬裡拌炒一兩分鐘即可起鍋，吃之前灑一些麵包屑。

BUSIATI
蘆稈麵

大小

長：80毫米
寬：10毫米

同義字

subioti、fusarioi、maccheroni
bobbesi、busa、ciufolitti（阿布魯
佐地區〔Abruzzese〕稱為zuffolo
〔排笛〕）、gnocchi col ferro

對味的烹調

蒜味醬；四季豆；熱那亞肉醬；
熱那亞青醬；鮪魚肚茄汁醬

蘆稈麵有兩種，作法幾乎一模一樣，形狀卻大不相同。另一種我將之歸類為通心捲（頁160），更類似手擀的吸管麵（頁34）或中空的義式烏龍麵（頁198）。這裡介紹的蘆稈麵，看起來、摸起來都像捲捲的電話線。這款麵來自西西里島，尤其是特拉潘尼（Trapani）地區，和勾縫麵（頁228）以及庫司庫司（頁84）堪稱是西西里島麵食三寶。儘管所有的麵食都是阿拉伯人傳入歐洲的，但是在西西里島，拉丁人和摩爾人處得似乎格外融洽，庫司庫司就是最明顯的例子。這兩個民族的融合也可由蘆稈麵一見端倪，蘆稈麵的義大利文busiati是從busa（一種蘆葦）一字演變而來，而busa的字源則是阿拉伯字bus。

　　兩人份的蘆稈麵，需要用200克杜蘭小麥粉揉成的麵團（頁10）。取一小團萊姆大小的量，揉成大約3至4毫米粗的長條，裁成12至15公分的小段。拿一根木串叉或細銷子，又或像老式織針一般的鐵棒，置於一小段麵條的一端，與之成四十五度斜角，滾動棒子使麵條圈捲在棒子上，滾動時要稍稍使點力，好讓小麵條延展開來。將盤繞著麵條的棒子來回滾動三兩下，讓圈捲的麵條從棒子上鬆脫，以便你從中抽出棒子。做好的蘆稈麵看起來應該有點像捲曲的電話線——捲得很密實，而麵身是扁的。這要有點真功夫才行，彈簧麵（頁108）即是從這手法發想出來的。

　　早期的蘆稈麵，麵團裡和的是蛋白和玫瑰水，而

不是水。馬帝諾大師（Maestro Martino）在一四五六年著的《廚之藝》（*Libro de Arte Coquinaria*）稱此為西西里式通心粉（maccheroni Siciliani）。如此做出來的麵，晾乾後保存容易，很適合長時間在海上航行的水手帶上船當糧食，而且佐特拉潘尼青醬格外對味，其作法如下。

BUSIATI CON PESTO TRAPANESE
蘆稈麵佐特拉潘尼青醬

四人份前菜或兩人份主菜

一份蘆稈麵
100克汆燙過的杏仁
2瓣大蒜，壓碎
25克的羅勒葉
300克熟櫻桃番茄
100毫升特級初榨橄欖油
佩科里諾羅馬諾乳酪適量

適合這道醬料的麵款

casarecce、cavatappi、fusilli bucati/fatti a mano、gemelli、maccheroni inferrati、spaghetti、trenette

除了有名的熱那亞醬（頁276）之外，很少有名稱冠上「青醬」的醬料值得一試，這道杏仁青醬就是少數特例之一。

　　將杏仁和大蒜放入食物調理機打成細末，接著依序放入羅勒葉和番茄。等這些混料呈現帶細顆粒的滑順質感時，倒入橄欖油，邊倒邊用攪拌匙攪拌。加鹽和胡椒調味。

　　你可以舀一勺醬澆淋在麵上頭，或是把醬和麵拌勻，但千萬別把醬倒進鍋裡煮。灑或不灑佩科里諾乳酪都好吃。

CAMPANELLE/GIGLI
風鈴花麵／百合麵

大小

長：25毫米

寬：13毫米

同義字

百合麵（lilies）、風鈴花麵（campanelle，喇叭花〔bell-flowers〕或牽牛花〔morning-glory flowers〕）、擰緊的螺絲（with a turn-of-the-screw shape）、amorosi、cornetti、jolly

對味的烹調

朝鮮薊、蠶豆和豌豆；波隆納肉醬；蠶豆泥；四季豆；綠橄欖和番茄；匈牙利魚湯；羔羊肉醬；扁豆；風月醬；諾恰納香腸奶醬（norcina）；茄汁醬；紫萵苣（Treviso）、煙燻火腿與梵締娜乳酪（fontina）

一看就知道是仿花的造型，就連名稱也很直接（gigli 意指「百合花」，campanelle則是「鈴鐺」或「風鈴花」）。這款麵是用有波浪形花邊的麵皮搓成錐形螺旋狀，就像麵包師傅用糖皮捏製花卉一樣。這造型著實迷人，專門為喜歡新奇事物的食客設計的，發明者在設想形狀時念著如何讓麵賞心悅目之餘，也不忘考慮到水煮時能均勻受熱不致破裂，食用時能盛住醬汁，無怪乎風鈴花麵廣受歡迎。一如很多造型奇特的麵，它也是用粗粒麥粉麵團製成（一般來說，都是大型的製麵廠生產出來的），有些比較講究手藝的製造商則是用味道濃郁些的雞蛋麵團來製作，但無論如何都是晾乾才販售。

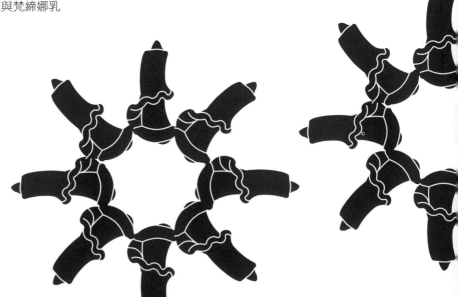

CAMPANELLE CON SGOMBRO E ROSMARINO
風鈴花麵佐鯖魚迷迭香茄汁醬

四人份前菜或兩人份主菜

200克風鈴花麵／百合麵
一尾中型鯖魚，約300克重
5大匙特級初榨橄欖油
1瓣大蒜，切末
1大匙新鮮的迷迭香末
1/4小匙乾辣椒末
2顆熟番茄，切碎粒（約1公分
　小丁）
2大匙平葉荷蘭芹末

適合這道醬料的麵款
canestri、torchio

將鯖魚肉連皮一同片下來。為免掉剔魚刺的麻煩，可以沿著魚側面的紅色中線把魚身劃開來，縱切成兩半，剔出針狀骨（pin bones）丟棄。接著把片下來的四條四分之一的魚柳粗略地切成1.5公分小丁。

麵下鍋煮。把橄欖油加熱，等油逸出香氣，但距離冒煙還要好一陣子時，下大蒜、迷迭香和辣椒爆香，幾秒鐘後飄出香味時，再下鯖魚丁和番茄碎粒。加鹽和胡椒調味，以中火煮3至4分鐘，煮到魚肉熟透，番茄軟爛。麵煮到彈牙時撈出瀝乾，加到鍋裡和醬汁一起拌攪1分鐘。起鍋前灑下荷蘭芹末，如果醬汁看起來略乾，澆一點煮麵水進去。

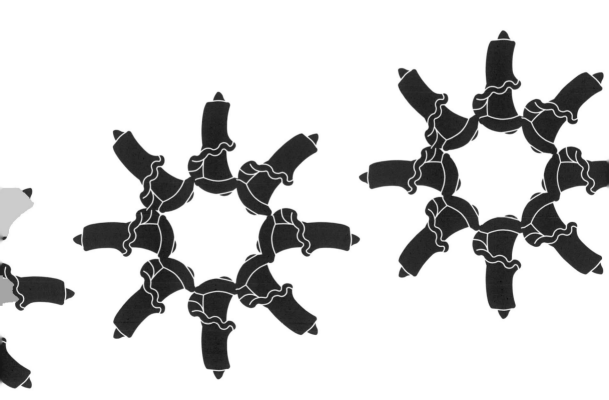

CANEDERLI
麵糰子

大小
直徑：42毫米

同義字
gnocchi di Pane、canedeli、
knödel

麵糰子源自義大利阿爾卑斯地區，特別是特蘭提諾－
上阿迪杰（Trentino-Alto Adige）一帶，當地的建築、
民情、風俗和飲食偏向德國。這款麵食的確源自德
國，連名稱都和德國字源knödel很接近。這湯圓似的麵
糰子，最簡單的作法是用加味的麵包粉來做，其他五
花八門的變異款則摻了山農隨手可得的食材，有的加
野香菜，有的加乳酪，也有加醃肉或狗魚肉的；若做
成甜食來吃，則會用馬鈴薯麵團包李子餡或杏桃餡。

　　鹹味的麵糰子大多是結結實實的丸子狀，常做成
麵糰子湯，也可能配著甘藍菜、綠色蔬菜類、蒲公英
或德國酸菜來吃，焗烤（加乳酪）也行，或者加進煨
燉菜餚（spezzatino）裡當澱粉質食物（罕見的燉品）。

CANEDERLI IN BRODO
麵糰子湯

四人份前菜或兩人份主菜

半顆中型洋蔥，切細末
50克牛油
150克（去皮後的重量）上好的
　　隔夜麵包，切小塊
40克中筋麵粉，額外多準備一些
　　以擀麵用
2顆大型雞蛋
125毫升牛奶
40克鹹五花肉（pancetta）或鹽
　　漬豬脂*，切碎；或是75克義式
　　香腸，去腸衣，切塊
50克帕瑪森乳酪屑，額外多準備
　　一些
2大匙荷蘭芹末
肉豆蔻少許
蝦夷蔥末少許（依個人喜好而加）
1公升上好的高湯（頁242）

* lardo，肥肉條，又叫白火腿。

這款口味清淡的麵糰子做成湯品很好吃，（煮熟後）加牛油、辛香草（鼠尾草、迷迭香或百里香）和帕瑪森乳酪以焗烤的方式烹調也很美味。這道湯也可以做成素食，省略鹹五花肉即可，美味絲毫不減。如此一來，考驗你做菜功力的地方在於，如何不用肉而熬出一鍋好湯頭，祕訣就在添加乾的野菇類。

用牛油以小火炒洋蔥，洋蔥變軟後盛出，置一旁冷卻。把所有的材料（高湯除外）混合均勻，揉成軟而黏的麵團（質地不盡然是滑順的）。加鹽和胡椒調味。

取一小球麵團，滾上麵粉，投入滾水中測試一下，看它能不能維持原狀不潰散。要是它散掉了，加些許麵粉到麵團，揉一揉，重新測試一遍。確定麵團在滾水裡不會散掉後，用敷滿麵粉的手將麵團搓成高爾夫球大小的麵丸。把麵丸子送進冰箱，冷藏至少1個鐘頭再下鍋煮。煮的時候等高湯微滾時才把麵丸子投進去，並加鹽調味，大概要煮20分鐘左右。起鍋時連湯一併舀進碗裡，灑一些帕瑪森乳酪屑即可享用。

CANEDERLI GRATINATI
焗烤麵糰子

四人份前菜或兩人份主菜

一份麵糰子
3大匙新鮮麵包屑
3大匙帕瑪森乳酪屑
2小匙新鮮鼠尾草末或百里香末

麵糰子煮熟瀝出，煮過麵糰子的高湯留著備用。把麵糰子鋪在抹了一層牛油的烤盤上，每球麵糰子都刷一點牛油，灑下麵包屑、乳酪屑和辛香草末的混料。送進預熱過的烤爐內焗烤，烤到表層變得焦黃為止。吃的時候澆一兩匙煮麵糰子的高湯，增添濕潤的口感，剩下的高湯可留作他用。

CANEDERLI DOLCI
水果口味湯糰子

六人份

500克口感粉鬆的馬鈴薯（Maris
　　Piper品種或King Edwards品種）
1顆全蛋
1枚蛋黃
200克麵粉，額外準備多一點擀
　　麵用

餡料

6顆熟杏桃/小李子，或者12顆軟
　　的李乾或杏桃乾或棗乾
12顆杏桃仁或苦杏仁（如果買得
　　到，不然也可以用一小匙杏仁
　　精替代）
100克細砂糖
3大匙蘭姆酒
1/2小匙肉桂粉
1小顆檸檬的皮，刨成絲
100克杏仁膏

菜餚

50克牛油
30克麵包屑
50克細砂糖
不足半小匙的肉桂粉

如果用馬鈴薯做甜點這個主意聽起來有點怪，試試以下的食譜，說不定你會完全改觀。這甜品細緻而芬香，是一道讓人飽足的冬日點心，肯定會贏得滿堂采。

湯糰的部分，把整顆馬鈴薯連皮放進水裡煮熟。瀝出後，趁馬鈴薯仍滾燙時用手指把皮剝掉，放入搗泥器裡搗成泥。把薯泥放涼，等到不燙手時，將其餘材料拌入薯泥裡。接著把薯泥揉勻，揉成像要做麵疙瘩（頁116）一般的質感，但稍硬些。小心別揉過頭，否則吃起來口感不太好。

餡料的部分，如果要用杏桃仁，將它搗成糊，拌入砂糖、蘭姆酒、肉桂粉和檸檬皮絲，拌勻後加杏仁膏揉成餡團。把果核取出，把餡料填進去，盡量地塞，愈多愈好，最後把果肉拉合。如果是用水果乾，把它切開成蝶狀的兩瓣，填好餡後再包覆起來。

烹調時，將薯泥分成六小丸，取一個置於手心，將之捏扁，然後放入一顆填餡的水果，再小心地把它包裹起來，把外皮的厚度捏得均勻，確保沒有任何細縫或缺口，免得煮的時候水滲進去。捏好的薯糰子要滾上麵粉。這些糰子下鍋煮的時候很容易黏在鍋底，你可以裁六張15公分見方的防油紙，把每個糰子鬆鬆地包起來，放進微滾的鹽水內煮，這樣一來，糰子和鍋底就會被紙隔開。煮約45分鐘。

趁煮麵糰子的空檔，用一口寬大煎鍋以牛油煎麵包屑，煎到金黃。麵糰子熟時（煮的時間超過一半後麵糰子會浮到表面上下滾動），用漏杓輕輕撈起，投入煎鍋內，晃動鍋子，讓麵糰子外表蘸取浸潤著牛油的香酥麵包屑。將肉桂粉和砂糖混合均勻，你可以把麵糰子放入盛有肉桂糖粉的容器內滾一滾，也可以直接把肉桂糖粉灑在麵糰子上。趁熱吃，喜歡的話，可佐以一球香草口味、杏仁口味或肉桂口味的冰淇淋。

CANESTRINI AND CANESTRI
大、小提籃麵

大小
長：22.5毫米
寬：9.5毫米

同義字
canestri、farfallini、galani、nastrini（緞帶）、nodini（小領結）、stricchetti、tripolini

適合小提籃麵的醬料
清湯；乳酪蛋蓉雞湯（stracciatella）；春蔬湯

適合大提籃麵的醬料
朝鮮薊、蠶豆和豌豆；青花菜；鯷魚奶醬；扁豆；鯖魚茄汁醬；牛肝菌奶醬；諾怡納香腸奶醬

義大利文canestrini一字意指「小提籃」，一種柳條編織的舊式提籃，上市場買菜、到林子裡採集食材，或到田野裡摘花用的。小提籃麵的大小介於跟它形狀相似的穀片麵（fiocchi di avena，「燕麥片」的意思）和大提籃麵（canestri）之間，可以和波浪邊蝴蝶麵以及圓弧邊蝴蝶麵（頁92）相互通用。事實上，小提籃麵就是從蝴蝶麵變化而來的，雖然在家自製提籃麵很容易，但買現成的更省事。提籃麵兩端的杯狀造型有其妙用，可以盛住一小盅的醬汁，大提籃麵尤其適合盛住魚肉醬料和肉醬，小提籃麵做成湯麵來吃口感絕佳。市面上同時可以找到粗粒麥粉製的與雞蛋麵製的提籃麵，可依個人偏好挑選。

CANESTRINI IN ACQUACOTTA
小提籃麵佐蔬菜濃湯

兩人份大份量的前菜或輕食主菜

50克小提籃麵
5克風乾的牛肝菌
1瓣大蒜,切末
1顆中型洋蔥,切碎
1-2片西芹,橫切成小段
1片月桂葉
5大匙特級初榨橄欖油
5顆櫻桃番茄,每顆切八等份
50克菠菜或恭菜苗
2顆雞蛋
10片羅勒葉
帕瑪森乳酪屑適量

適合這道湯品的麵款
alfabeto、cavatelli、orzo、
quadretti、stelline

* 吃剩的麵包扳成碎塊,加橄欖油、鹽等
　煮成的鹹麵包粥。
**將硬梆梆的隔夜麵包切塊放在深盤,澆
　上重新熱過的隔夜蔬菜湯。

蔬菜濃湯是很簡單的鄉村湯品,通常會搭配麵包片來吃。它和比較稀的麵包粥(pancotto)*或豆料比較少的隔夜湯(ribollita)**沒什麼不同,只不過這裡的作法是用麵來代替澱粉類的麵包。此外,湯裡要加什麼料也是任憑個人發揮——春天時,你會加豌豆、蠶豆或朝鮮薊;夏天時加各式時蔬;秋天則是新鮮菇類,冬天加豆類。

用100克滾水浸泡乾牛肝菌,瀝出(浸泡的水留著備用)切碎後再放回水裡。用一半的油將大蒜、洋蔥、西芹和月桂葉炒到近乎變軟,約5分鐘。接著牛肝菌下鍋,再倒入浸泡的水和半公升的水。等湯水微滾時,加鹽調味,試一下鹹淡,續煮5至10分鐘,直到蔬菜不再脆脆的,便把麵和番茄加進去。繼續讓湯汁微滾,煮到麵將熟的前兩三分鐘時,把菠菜拌入湯裡,輕輕打下2顆蛋,將蛋煮熟。等麵和蛋好了(蛋黃仍軟嫩),把羅勒葉(切絲或用手撕碎)攪入湯裡,淋下另一半的橄欖油。盛在寬口的碗裡即可享用,吃之前灑一大把帕瑪森乳酪屑。

CANNELLONI
麵捲

大小
長：100毫米
寬：30毫米

同義字
cannaciotti、canneroncini、canneroni，瓦特里納（Valtellina）地區稱為manfrigoli或manfriguli，拿坡里地區稱為cannerone或cannarone，普利亞（Puglia）地區稱為cannarune，西西里島稱為cannoli、crusetti

麵捲是麵皮捲裏長條狀的餡料焗烤而成的麵食。可以買現成的乾麵捲，汆燙後裹餡料去烤，但就我看來，這算是袖管麵（頁168）的作法。Cannelloni一字的字源是canna（拐杖），意思是「大蘆稈」，和cannella（肉桂，「小蘆稈」）一字的字源相同。在柔軟的麵皮裡包鹹餡料的主意在歐洲可一點也不新奇——法式薄餅皮便歷史悠久，它和鑲餡通心粉（maccheroni ripieni）的淵源可溯自1770年左右；但直到20世紀之初才首度有文獻提及麵捲，很可能麵捲是在那時候發明出來的。麵捲廣受歡迎，風靡全球，則是在二次大戰以後，一來是因為它可以預先準備的便利性（甚至可以在前一天就備妥，隔天再送進烤箱烤），二來則是它象徵了幸福家庭——家庭主婦在閃閃發亮的搪瓷爐具旁為一家子煮飯燒菜的溫馨情景。和麵捲有關的各式食譜裡，麵捲都可以用法式薄餅皮來代替，如果你覺得這樣比較簡單或好吃的話。不管是哪一種，在義大利、英國、美國和西班牙都同樣很夯，麵捲在加泰隆尼亞格外是人氣料理。

VEAL AND SPINACH CANNELLONI
麵捲鑲仔牛絞肉菠菜泥

五人份主菜

餡料
2瓣大蒜
4大匙特級初榨橄欖油
1顆小洋蔥,切丁
1片西芹,切碎
300克仔牛絞肉
1小匙新鮮的迷迭香末
1小匙新鮮的鼠尾草末或奧瑞岡末
250毫升白酒
250克新鮮菠菜
150克新鮮的利科塔乳酪
80克帕瑪森乳酪屑
1顆蛋
肉豆蔻
40克麵包屑(需要的話)

貝夏美醬
100克牛油
1片月桂葉
100克麵粉
1公升牛奶
肉豆蔻

菜餡
300克雞蛋麵(簡單的或香濃版,
　頁13)
100克淡味茄汁醬(頁15,依個人
　喜好而加)
80克帕瑪森乳酪屑

對味的烹調
仔牛肉和豬肉(頁18);熱那亞肉
醬;雞肉利科塔乳酪醬(頁60);
利科塔乳酪菠菜泥(頁210)

道地的義式作法比較簡單,可以用方餃包的菠菜利科塔乳酪餡(頁210),滋味很棒。以下的食譜則是美式口味,什麼都可以入餡(肉啦、乳酪啦、蔬菜);這種作法也很美味。

　　餡料的部分,把大蒜壓碎,好讓它釋放味道,取一口寬大的煎鍋,起油鍋將大蒜煎到略微焦黃,撈起大蒜丟棄,接著洋蔥和西芹下鍋,灑下一大搓鹽。食材炒軟後(5至10分鐘),下絞肉,開大火,前5分鐘用鍋鏟把肉末炒散,接著盡量別去動它,好讓肉有時間變得焦黃。放入辛香草,緊接著淋入白酒,等酒汁沸騰冒泡並完全蒸發(蒸發到一滴不剩、相當乾的狀態),將鍋子從爐頭上移開,置一旁冷卻。

　　菠菜放進滾沸的鹽水裡燙軟,瀝出,放進冷水裡泡一下,再瀝出,用手盡量擰乾,然後用菜刀剁碎,剁得愈細碎愈好,接著混入利科塔乳酪、帕瑪森乳酪和蛋,使勁地攪拌,拌到質地細滑勻稠。好了之後把煮好的仔牛肉一起加進來攪拌,用大量的鹽、現磨的肉豆蔻和黑胡椒調味。要是混料看起來有點糊糊的,加些麵包屑進去。放入冰箱冷藏,需要時再取出。

　　製作貝夏美醬(béchamel)的部分,用中火融化牛油,放入月桂葉和麵粉,攪拌到油和麵粉混合均勻,開始冒泡。這時倒入牛奶——膽子大的可以一口氣全部倒進去,接著快速攪打;謹慎一點的可以一次倒一點,用木勺把每一次的量攪勻;最後再整鍋煮開。加鹽、胡椒和肉豆蔻調味,牛奶全加進去後一定要把整鍋醬汁煮開,醬汁一滾,鍋子即可離火。

　　菜餡部分,把麵團擀成比1毫米略薄的薄度,約略切成15公分見方——大概可以裁成15片。把麵皮放進煮開的鹽水裡汆燙30秒,取出後放入冷水冰鎮。

　　一次取一片麵皮,沿著一邊鋪一長條餡料(約2

公分寬，與一般的香腸同寬）。然後像捲地毯似的把麵皮捲裹起來，如法炮製，將其餘的麵皮一一捲好。取一只烤皿（足以容納所有麵捲而不顯擁擠的大型烤皿），將三分之一的貝夏美醬倒入烤皿，抹勻。把麵捲平鋪在醬汁上，接著將剩餘的貝夏美醬全倒入，均勻地蓋住麵捲，再淋上番茄醬，灑下帕馬森乳酪絲。送入預熱過的烤爐內（風扇式的烤爐攝氏220度，傳統式烤爐攝氏240度），烤到表層呈焦黃。剛烤好時溫度高得足以燙傷——最好等個10分鐘再享用。

CAPELLI D'ANGELO
髮絲麵

大小
長：260毫米
直徑：1毫米

同義字
capelvenere、ramicia，在卡拉布里亞地區（Calabria）又稱capiddi d'angilu、vrimiciddi

類似的麵款
capellini（稍粗些）、vermicelli（稍粗些）

對味的烹調
西班牙海鮮麵絲（fideuà）；義式烘蛋（frittata）；粉絲布丁（lokshen pudding）

這種細到不行的細麵（別名「天使的髮絲」或「小蟲蟲」），對現代的廚房來說有點難搞：很快就熟，一不小心就會煮爛；質地很細，拌上濃稠的醬汁很容易糊掉，像挺不起腰桿子的軟骨頭。製作不易是這種麵的另一項棘手之處，因此，在文藝復興時期這道麵享有崇高地位。以手工做出這極細的麵幾乎是不可能的任務，所以在當時可是麵食中的頂級精品。修道院手藝高超的修女常做這種麵，教民若有產婦的話，更是會特地煮這款麵幫她們進補，據信可以促進泌乳。這種麵因為非常容易斷裂，所以一般都是捲成鳥巢的形狀來風乾，吊起來晾乾或是做成其他形狀運送，麵都會支離破碎。

CAPELLI D'ANGELO AL BURRO E LIMONE
髮絲麵佐檸檬奶醬

四人份前菜或兩人份主菜

200克髮絲麵
75克牛油
1顆檸檬的果皮，刨成絲
肉豆蔻粉
幾滴檸檬汁
帕瑪森乳酪屑少許
羅勒葉少許（依個人喜好而加）

適合這道醬料的麵款
tagliatelle、tagliolini

這道細緻的麵食，味道有那麼點虛無縹緲。你也許會說它滋味平淡，但毫無貶意。

麵下鍋煮時，舀100毫升的煮麵水到煎鍋裡，煮開，攪入牛油，使之融化（beurre fondu）。放入檸檬皮絲和肉豆蔻，需要的話加點胡椒和鹽巴。讓汁液收乾成像稀的鮮奶油（single cream）一般的稠度（太稠就加點水），把髮絲麵（像平常煮麵一樣在稍嫌硬時瀝出）放進煎鍋裡，攪拌一下，擠幾滴檸檬汁，嚐嚐味道。

起鍋後灑一點帕瑪森乳酪即可享用。在加檸檬汁的同時拌入幾片羅勒葉也很可口。

PASTA FRITTA ALLA SIRACUSANA
香酥髮絲麵

四人份前菜或兩人份主菜

160克髮絲麵
25克牛油
50克佩科里諾乳酪屑或卡秋卡瓦羅乳酪屑
2顆大型雞蛋
2大匙麵包屑
4大匙橄欖油

適合這道醬料的麵款
spaghetti、spaghettini、tagliolini

這道香酥髮絲麵是形狀不規則的義式烘蛋（frittata），源自美國紐約州雪城（Syracuse）。

把麵煮到彈牙（若用圓直麵或細直麵需200克），瀝出，加入牛油拌一拌。把乳酪屑和麵包屑加入雞蛋裡，打勻，然後拌入熱騰騰的麵。取一口寬大的煎鍋，以中火熱油，用叉子把麵捲成鳥巢的形狀（就像你吃麵時用叉子叉起一坨麵抵著湯匙旋轉一樣，只不過這會兒你要把麵捲得愈大坨愈好），捲好後放到熱油裡煎。稍微用煎杓壓一壓，每一面煎2至3分鐘，煎到酥黃。起鍋後趁熱吃。

PASTA SOUFFLÉ
髮絲麵舒芙蕾

四人份

50克牛油，外加25克用來塗抹
　　烤皿
150克帕瑪森乳酪屑
80克髮絲麵
3大匙中筋麵粉
肉豆蔻少許
1片月桂葉（依個人喜好而加）
200毫升牛奶
4顆蛋，蛋黃蛋白分開

適合這道醬料的麵款
tagliolini、vermicellini

這道食譜來自我的祖母，她在1950年代的羅馬學到這道菜。自從原本的食譜在幾年前不見了之後，我和她幾度一同做這道菜，度過了許多有趣的時光。這裡的至少是行得通的新作法，可以免去怎麼打都打不稠的貝夏美醬以及派塔塌陷的噩夢。

你需要四個400毫升容量的舒芙蕾小模子，或是一只大的模子。將模子內壁塗上大量牛油，灑一把帕瑪森乳酪屑到模子裡，拿起模子轉一轉，好讓乳酪屑均勻地敷在內壁。將多餘的乳酪屑倒到下一個模子裡，如此下去，最後把多的乳酪屑倒回原處。

把鳥巢狀的麵絲壓入煮開的鹽水內，煮的時間只需包裝上指示的一半即可——麵應該就很彈牙。把麵瀝出，用冷水沖涼。

用中火融化50克牛油，加入麵粉、些許的肉豆蔻粉、月桂葉和大量胡椒，拌炒1分鐘，然後徐徐倒入牛奶，用木杓使勁地攪拌。耐著性子把牛奶攪勻，醬汁才會滑順。加鹽調味。

用一口大碗把麵、貝夏美醬、蛋黃和剩下的乳酪屑拌勻。把加了一小撮鹽的蛋白打發，打到蛋白結實，但一點也不乾硬。將三分之一的蛋白倒入麵混料裡，攪拌均勻，讓混料稍稍變稀，然後用金屬匙輕輕地把剩下的蛋白拌進去。拌好後分裝到小模子（混料的高度比緣口低1公分），送進預熱的烤箱（風扇式烤箱攝氏200度，傳統式烤箱攝氏220度）烤約20分鐘，或直到蓬鬆、呈金黃而且堅實。取出後立即享用。

要是你做的是單一個大型的舒芙蕾，烤的時間需要多一倍，溫度則稍低一些。

CAPPELLETTI
帽子餃

大小
長：42毫米
寬：30毫米

同義字
cappelli，也稱「主教帽餃」
（cappelli del prete）——船形的或
三角形的帽子，托斯卡尼地區稱
nicci

類似的麵款
agnolotti、tortelli、tortelloni、
turtei con la cua

對味的烹調
蘆筍奶醬；清湯；鼠尾草奶醬；
鮮奶油；羊肚蕈

帽子餃的義大利文cappelletti是「小帽子」的意思，形狀和餛飩（頁260）、大餛飩（頁266）很相似，但是包的方法稍微不同，所以外形長了些（由上往下看很像一隻眼睛），模仿阿爾卑斯山騎警的帽子或紅衣主教的帽子。用方形或圓形麵皮包餡後捏出造型的餃類當中，方形麵皮捏出來的通常精緻得多，其中又以這款帽子餃為最。在艾米利亞－羅馬涅省，尤其是摩地納（Modena）一帶，帽子餃長久以來是聖誕午餐的經典菜色，通常當作第一道前菜，包的是混有利科塔乳酪、檸檬皮絲和肉豆蔻的餡，配著閹雞熬的清湯一起吃。就像很多古菜色一樣，在齋戒期間也會做成素帽子餃（cappelleti di magro）。

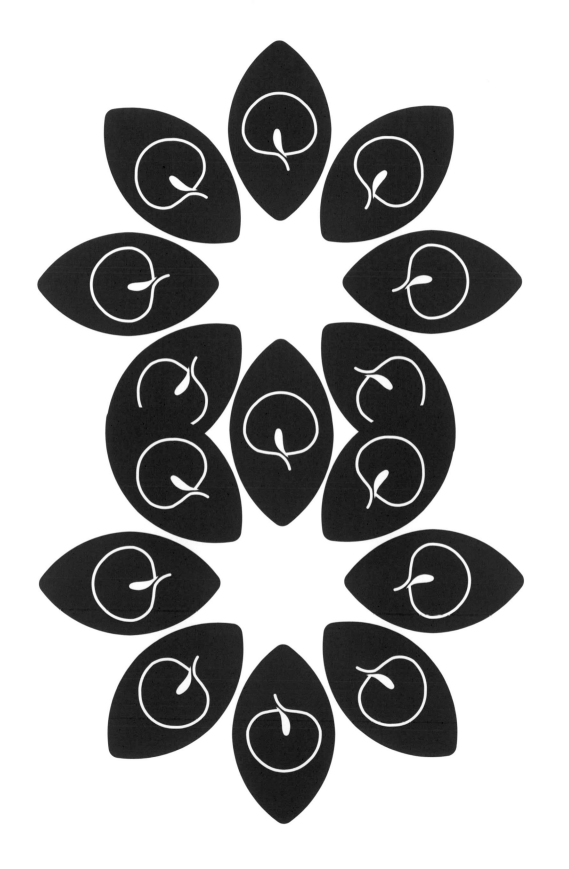

CHICKEN AND RICOTTA CAPPELLETTI
雞肉利科塔乳酪餡帽子餃

六人份主菜

450克雞蛋麵團（香濃版，頁
　13，等同於用300克麵粉做的
　麵團）
140克雞胸肉或閹雞胸肉，切成2
　公分肉丁
50克牛油
1顆大型雞蛋
70克帕瑪森乳酪屑
200克利科塔乳酪
1顆檸檬的皮，刨成絲（依個人喜
　好而加）
肉豆蔻

對味的餡料
利科塔乳酪（頁267）；利科塔乳
酪菠菜泥（頁210）；小餛飩餡
（頁264）

如果想做湯餃，建議用一隻小型的雞，或者講究點，用一隻閹雞，水煮一兩個鐘頭，再用煮雞的湯來煮麵、做湯底。煮熟的雞胸肉可以剝下來，放到食物調理機和其他食材一起絞碎，牛油要先放軟再加進去絞。

要注意的是，做好的餡含水量很高，如果你把包好的餃子放到冰箱裡冷凍，餡料遇冷膨脹，會把餃子皮撐破。要是用餐的人數不到六位，可以把多餘的餡料冷凍起來，改天再拿來包帽子餃、大餛飩（頁266）或麵捲（頁50）。做少於六人份的餡料有點划不來；不過假使不想做太多餡，可以用一顆中型雞蛋、100克雞胸肉、45克帕瑪森乳酪和130克利科塔乳酪，做成四人份的餡料，或用一顆小型雞蛋，加上份量減半的其餘材料，做成兩人份的餡。

用牛油以中火烙煎雞肉，煎到肉剛好熟或有點焦黃。關火，肉留在鍋裡放涼。放涼後連肉帶汁倒進食物調理機，同時把雞蛋和帕瑪森乳酪也一併倒進去，攪到混料的質地柔順。攪好了之後，用手把利科塔乳酪拌進去，加鹽、胡椒、檸檬皮絲和肉豆蔻調味。

把麵皮擀得比1毫米還略薄，若是用擀麵機，多半要把機器轉到次薄的那一格，擀麵棍擀的最薄程度也差不多如此。將麵皮裁成6公分見方的麵片，把滿滿一小匙的餡（8克左右）置於方麵片中央。確認麵片夠濕潤可以彼此相黏（好的麵皮應該如此），要是沒辦法黏合，用噴霧器把邊緣稍微噴濕，角對角對折，把裡頭的空氣趕出去，捏壓邊緣將麵皮黏合。

取其中一個三角形餃包，平放在案板上，拉起較長的左右兩個角，在水平面上往下彎，使之貼合，就好像你平舉在兩側的手臂往胸前併攏一般。把合掌似的這兩個角捏合，這會兒餃子的形狀看起來還真有幾分像海軍帽。

CAPPELLETTI CON PORCINI E PANNA
帽子餃牛肝蕈奶醬

四人份前菜或兩人份主菜

250-300克帽子餃
200克結實的小型新鮮牛肝蕈
50克牛油
120毫升超濃鮮奶油
帕瑪森乳酪屑適量

適合這道醬料的麵款

canestri、caramelle、farfalle、
farfalle tonde、maltagliati、
tortelli、tortelloni、tortellini

這道食譜需要大量昂貴的，或者說高檔的食材——要上得了紅衣主教的餐桌，而這類餃子造型的靈感來源，正是紅衣主教的帽子。如果你的荷包或飲食習慣難以負荷如此華貴的菜餚，牛肝蕈、牛油和鮮奶油的用量都可以減半。這裡的作法是不折不扣的道地口味。

用銳利的刀子削掉牛肝蕈柄上的暗色外皮，現出珍珠白的內裡，若是蕈傘上有泥污，可以用濕布擦拭乾淨。切成5毫米寬的薄片。

煮麵餃和煮醬都不用花很多時間——餃子下水煮之際，蕈菇同時下鍋用牛油煎，而鍋中先前以中大火加熱的牛油這會兒正開始冒泡。把蕈片煎香，翻炒一兩下就好，約2分鐘，或煎到蕈片稍微有點焦黃，而且剛好變軟。倒入鮮奶油，讓奶液沸騰冒泡，煮到如冷藏時一般的濃稠；這時將餃子瀝出，投入奶醬內，需要的話澆一點煮麵水進去。起鍋後灑下適量的帕瑪森乳酪屑。

CARAMELLE
糖果餃

大小
長：80毫米
寬：21毫米

類似的麵款
turtei can la cua

對味的烹調
馬郁蘭松子醬；羊肚蕈；
牛肝蕈奶醬；茄汁醬

閱讀翻譯的書就像隔著糖果紙舔糖果一樣。 ——俗語

糖果餃的義大利文caramelle，意思就是糖果。這是一道包餡的麵餃，形狀很像用玻璃紙包起來、兩頭扭緊的糖果，一種最好連著包裝一起吃的糖果。糖果餃有點像餡只填在中段、麵皮兩端扭緊的迷你麵捲（見50）。兩端這麼一封死，餡就完全被鎖在裡頭，禁得起水煮，而且扭褶的麵皮多少可以盛住醬汁，豐富了口感之餘，也會讓人不禁懷想起快樂的童年。說不定就是因為這個緣故，糖果餃通常會在節慶或在週日午餐端上桌，尤其是帕瑪（Parma）和皮亞琴薩（Piacenza）一帶特別時興。這類餃子一概是用雞蛋麵團做的（或者說應該用雞蛋麵團來做，免得煮出來白撲撲的，引不起食欲），包的餡則葷素不拘，全憑個人喜好，不過還是以口味細緻的餡料為佳。

POTATO CARAMELLE
馬鈴薯餡糖果餃

四人份

一顆中型（220-250克）口感粉
　鬆的馬鈴薯，Maris Piper品種
　或King Edwards品種
50克牛油
1大匙新鮮迷迭香細末
75克帕瑪森乳酪
1枚蛋黃
大約325克雞蛋麵團（簡單版或
　香濃版皆可，頁13，等同於用
　200克麵粉做的麵團）

對味的餡料

雞肉利科塔乳酪餡（頁60）；仔
牛肉菠菜泥（頁52）；利科塔乳
酪菠菜泥（頁210）

這款餡料也適合拿來包方餃（頁208）。馬鈴薯這種平民食材，拿來做餡料可口又細緻。不管是佐上味道豐富的醬（它會變成讓醬更綿密的澱粉質），或口味同樣素樸而均衡的醬，譬如牛油做成最簡單的醬，都相當好吃。

馬鈴薯連皮放進鹽水裡煮熟，撈出，去皮，趁熱放進搗碎機裡搗成泥。

用牛油煎迷迭香，煎到牛油冒泡但不致焦黃。

等薯泥和牛油的溫度降到可以用手處理的程度，加入帕瑪森乳酪和蛋黃，將全部材料和勻，加鹽和胡椒調味。和好後把混料塑成磚條形狀，送進冰箱冰一會兒，再取出做麵餃，不先冰過的話，餃子能不能做成功，就看你運氣好不好了。

把雞蛋麵團擀成0.7毫米厚度（算是相當薄）的長條形（盡量和你的案板一樣長），寬度約5公分。確認案板表面或麵皮沒沾上麵粉。

把餡團切成長、寬各1公分、高3公分的小塊，沿著長條麵皮的中線放這一塊塊的馬鈴薯餡，每塊之間相隔5公分。麵皮要是太乾，沒法彼此黏合的話，可以噴灑一點水，接著拉起麵皮的長邊，小心地捲裹起來，像捲一條超大的壽司一般。檢查一下餡是不是完全被麵皮包裹住。從餡和餡之間的中點把這長麵捲一節一節地切成小段，將空氣從兩端的開口趕出去，將開口捏合，然後像包糖果一樣扭轉麵皮的兩端。

做好的糖果餃平鋪在灑了少許杜蘭小麥粉的托盤上，別讓它們彼此碰觸。

CARAMELLE AL RAGÙ BOLOGNESE
糖果餃佐波隆納肉醬

四人份

一份糖果餃
800毫升波隆納肉醬（頁250）
40克牛油
帕瑪森乳酪屑適量

趁糖果餃下水煮時，把肉醬放到爐火上加熱，舀一小杓的煮麵水進去。加進牛油，增添滋味（儘管這肉醬已經夠香濃），最後拌入糖果餃。盛盤後灑上帕馬森乳酪屑。

CASARECCE
雙槽麵

大小
長：37毫米
寬：4毫米

對味的烹調
燉培根豌豆；雞肉李子醬；蘿蔔
葉；蘿蔔葉和香腸；蒜味醬；牛
尾醬；熱那亞青醬；特拉潘尼青
醬；羅馬花椰菜；兔肉蘆筍醬；
櫛瓜松子沙拉；肉腸醬；肉腸奶
醬；鮪魚肚茄汁醬

雙槽麵的義大利文casarecce意思是「自家做的」，這聽
來有幾分反諷，因為這款由粗粒麥粉麵團製作、橫切
面成S形的短麵管，現在都是由機器壓製。從形狀看
來，它肯定是在平常人家的廚房裡發明的，因為這種
麵相對上很容易製作，只要用一小片麵皮，裁成介於
義式刀切麵（頁248）和特寬麵（頁184）之間的寬度
就行了。和同樣是用粗粒麥粉麵團、一度是手工製的
大多數麵食（頁10，以及貓耳朵麵、扭指麵、特飛麵
等等）不一樣的地方在於，雙槽麵改機械化製作後品
質尤佳，口感一級棒，尤其適合佐以有大塊料的鮮美
醬汁。

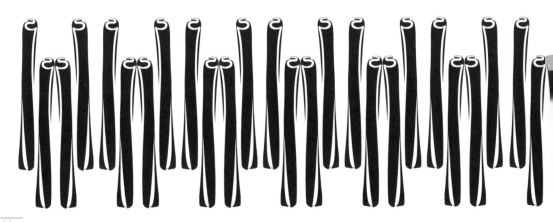

CASARECCE CON RUCOLA E CIPOLLA DI TROPEA
雙槽麵佐芝麻菜、番茄和洋蔥

四人份前菜或兩人份主菜

200克雙槽麵
1顆中型洋蔥（150克）
4大匙特級初榨橄欖油
1瓣大蒜，切末
200克櫻桃番茄（或青梅），
　　切半
100克芝麻菜，切碎
卡秋卡瓦羅乳酪屑少許（或帕瑪
　　森乳酪、味嗆的普洛法隆乳酪
　　〔provolone piccante〕、鹹味利
　　科塔乳酪〔ricotta salata〕或佩
　　科里諾乳酪，一小撮即可）

適合這道醬料的麵款
cavatelli、garganelli、passatelli、
radiatori、spaccatelle、trofie

番茄加芝麻菜的搭配很經典——不管用來做沙拉或做佐麵的醬。烹調的方法有好幾種：芝麻菜和麵管一併拌入香濃的茄汁醬（頁15），切碎放入新鮮的茄汁醬裡（頁238），或是和櫻桃番茄及洋蔥一起炒，其作法如下。

做這道醬的時間大約和煮麵的時間差不多。

將煎鍋加熱，讓它熱得冒煙。把洋蔥由上而下對半切開，剝掉外皮，再縱切成絲。切好後洋蔥絲下鍋（如果鍋裡一開始就放油的話，這會兒油已經滾燙），緊接著倒油進去。等洋蔥絲開始上色，再用湯匙輕輕地翻炒。洋蔥有部分變軟而且呈焦黃時，放入大蒜和番茄。拌炒一下，加鹽和胡椒調味，煮個兩分鐘左右，直到番茄熱了，少數開始迸裂，但大多數仍然完好。加入芝麻菜，炒1分多鐘，然後把麵管瀝出，拌入醬裡，舀一點煮麵水進去。

盛盤後灑一些卡秋卡瓦羅乳酪屑。

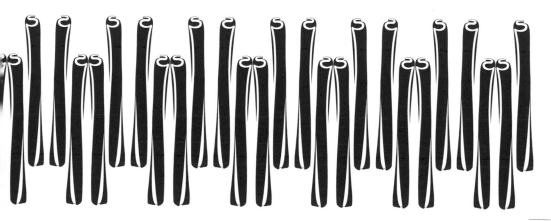

CAVATAPPI
螺絲管麵

大小
長：30毫米
直徑：5毫米
管壁厚度：1毫米

同義字
cellentani（旋轉）

對味的烹調
焗烤；燉培根豌豆；
雞肉李子醬；四季豆；
乳酪通心粉；諾瑪醬；
特拉潘尼青醬；拿坡里肉醬；
利科塔乳酪茄汁醬；諾恰納香
腸奶醬

現代才有的麵食，形狀像中空的螺絲起子（所以叫螺絲管麵），也像豬尾巴。別以為螺絲管麵只是形狀花俏而已，搭配短管麵的大多數醬汁都和它很對味，尤其是和佐通心粉（頁152）和芹管麵（頁224）的醬格外速配。

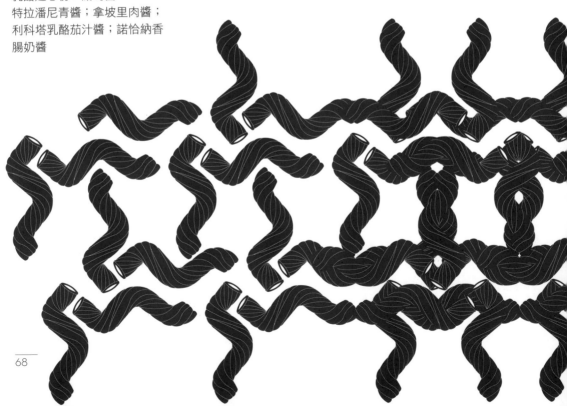

MACARONI SALAD
通心粉沙拉

三或四人份的配菜

200克螺絲管麵
125毫升美乃滋（市售的）
半條胡蘿蔔，刨成粗絲

適合這道醬料的麵款
chifferi rigati、ditali、
maccheroncini、sedanini

這款麵食是夏威夷快餐（Hawaiian plate lunch）的經典菜色之一——其他的還包括米飯、冰山萵苣葉沙拉（iceberg salad）和肉類（照燒肉、糖醋肉一類）。這道配菜應該用通心粉來做，但我覺得用螺絲管麵也不賴。它有點像涼拌捲心菜絲（coleslaw），只不過有益健康的捲心菜絲（所占的量原本已經不多）全被加工的澱粉類取代了。夏威夷相撲選手之所以表現亮眼也就不足為奇了。

　　麵要煮得比平常稍久一點（別煮爛了，但要比彈牙稍軟些），然後把麵瀝出，用冷水沖，冰鎮一下再瀝乾。加美乃滋和胡蘿蔔絲拌一拌（用的量少到不能再少了，喜歡的話放膽加無妨），嚐嚐鹹淡，上菜。

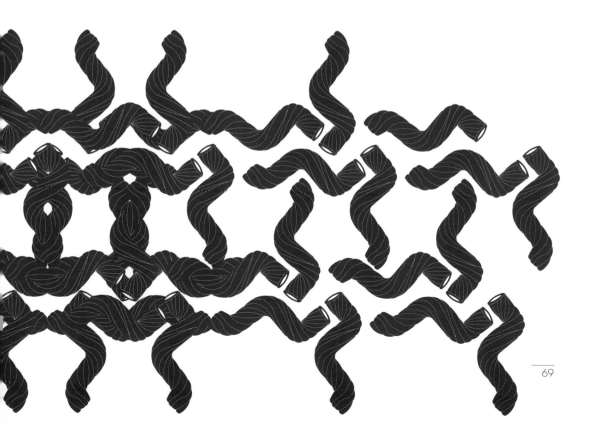

CAVATELLI
扭指麵

大小
長：20毫米
寬：7毫米

同義字
通稱：gnocchetti、manatelle、orecchi di prete（牧師的耳朵）, strascinari、truoccoli；巴西利卡塔地區（Basilicata）：capunti、cingule、minuich、rascatelli（三指麵）、zinnezinne；卡拉布里亞地區（Calabria）：cavateddri、rascatielli；坎佩尼亞地區（Campania）及普利亞地區（Puglia）：cantaroggni、cavatieddi、cecatelli/cicatelli（一指麵）、cecatidde、mignuicchi、strascenate、tagghjunghele；馬仕地區（Le Marche）：pincinelle；莫利塞地區（Molise）：cavatielle 'ncatenate（鏈索麵或二指麵）、cazzarille、ciufele；西西里島：cavasuneddi、cavatuneddi、gnucchitti、gnocculi

對味的烹調
蔬菜濃湯；鷹嘴豆麵（pasta e ceci）；蘿蔔葉；四季豆；豬肉豬皮醬

這款小巧的麵食製作起來很簡單，現做現煮美味無比，晾乾後又乾到不行。它基本上呈有點厚度的短圓筒型（寬度從一指到三指都有），中空（橫切面看起來像個逗號，幾乎捲成管狀），製作的時候簡單地用手指快速扭彈一下就成了。

　　說到扭指麵，多數人會想到普利亞地區，但這款麵在莫利塞地區、巴西利卡塔地區和義大利本土最南端的卡拉布里亞地區，也都很常見。在這些地區的居民喜食蔬菜，很少吃肉，大小剛好的扭指麵和當地產的任一種蔬菜都很搭。可以配馬鈴薯吃、配蘿蔔葉和辣椒吃，或配煮過的芝麻菜、野蕪菁（lassini）、白豆（cannellini beans），或清一色只配乳酪吃（ricotta salata或cacioricotta），又或做成湯品。在窮困的年代，人們會用差一點的澱粉來做——最著名的就是用橡子粉，說不定也用栗子粉；而今一概只用粗粒麥粉做。這麥粉可能是一般常見的那種，也可能是焦麥粉（di grano arso），用炒焦的麥粒磨成的，顏色近乎墨黑，帶有煙燻味——出了普利亞省是找不到的，若是你上那裡旅遊，很值得嚐一嚐。

MAKING CAVATELLI
扭指麵的作法

兩人份的麵要用300克粗粒麥粉麵團（頁10），由200克的杜蘭小麥粉對100毫升的水和成。和好後靜置一會兒，取胡桃大小的一小丸，在乾燥的木案板上或大理石案板上，擀成長而厚、4至5毫米寬的麵條，依下列的長度裁切：

「一指」的扭指麵，2公分長
「二指」的扭指麵，3-3.5公分長
「三指」的扭指麵，4.5公分長

用指尖按住這些小麵條，接著往你自己的方向用力扭彈一下。指尖向下扭壓的力道會讓麵條延展並且往上翻，圈住你的手指甲。使個勁兒一古腦地扭到底，如此一個一個做下去。好了之後讓小麵片稍微晾乾（直到表面呈皮革的質感，但蕊心依然柔軟），再下水煮。

CAVATELLI AL FAGIOLI CANNELLINI
扭指麵佐白豆

四人份前菜或二人份主菜

一份「一指」扭指麵，或200克乾的扭指麵（口感差很多）
特級初榨橄欖油
2瓣大蒜，切薄片

要算準時間，在麵差2分鐘就會煮好時，把白豆放進鍋裡煮。另用一口大的煎鍋熱4大匙的油，油熱後大蒜、番茄和紅辣椒一同下鍋，開大火翻炒一兩分鐘，每幾秒就晃動鍋子一次。接著白豆和芝麻菜下鍋，隨後倒進煮豆水。加鹽和胡椒調味。

175克櫻桃番茄或小的李子番茄，
　　對半切
一大撮乾的紅辣椒碎末
300克煮熟的白豆（瀝乾後的
　　重量）
50克芝麻菜（或15克荷蘭芹，又
　　或10片羅勒葉），切碎
80克煮豆水（若是罐頭的，用水
　　就可以）

適合這道醬料的麵款
chifferi rigati、strozzapreti

等白豆在煎鍋裡沸騰約2分鐘之後，把麵瀝出，倒進煎鍋內，再煮1分多鐘就可以起鍋，起鍋前淋一點橄欖油。

CAVATELLI CON SALSICCIA E BROCCOLETTI
扭指麵佐蘿蔔葉和香腸

四人份前菜或二人份主菜

一份「二指」扭指麵，或200克
　　乾的扭指麵（口感稍差）
400克蘿蔔葉苗或500克熟成的
　　蘿蔔葉
2瓣大蒜，切薄片
200克義式香腸，去腸衣，切碎
4大匙特級初榨橄欖油
1/4小匙乾的紅辣椒碎末
佩科里諾乳酪屑適量（依個人喜
　　好而加）

適合這道醬料的麵款
casarecce、fusilli a mano、
gramigne、orecchiette、
reginette、spaccatelle、
strozzapreti

蘿蔔葉如何烹調，我在另一道食譜有詳盡的說明（見頁173貓耳朵料理），此處不再贅述。這道醬料配長一點（二指或三指）的扭指麵最好。

麵下鍋煮。趁煮麵的空檔，起油鍋用中火煎炒香腸丁和蒜片，煎到開始上色，期間用鍋鏟盡量把香腸肉丁打散。接著放辣椒末，翻炒一下，幾秒鐘後放進瀝乾的蘿蔔葉。短暫地煎煮一下，加鹽和胡椒調味，並且澆一點煮麵水，把汁液煮開，直到肉料又變得很乾稠。這時把麵瀝出，放進煎鍋裡，同時加幾大匙的煮麵水。續煮1分鐘左右即可起鍋。吃之前灑一點佩科里諾乳酪屑，不加也一樣好吃。

CHIFFERI RIGATI
槽紋彎管麵

大小

長：23毫米

寬：14毫米

直徑：8毫米

對味的烹調

豆子湯麵（pasta e fagioli）；燉培根豌豆；雞肉李子醬；鷹嘴豆麵；鷹嘴豆和蛤蜊；拱佐洛拉藍紋乳酪；匈牙利魚湯；扁豆；焗通心粉乳酪；通心粉沙拉；淡菜和豌豆；利科塔乳酪和蠶豆；紅椒威士忌醬

彎管麵不論是表面平滑的，還是表面有溝紋的（如圖所示）都是工廠製的，形狀很像奧地利的月牙麵包（kipferl）。由於新鮮的義大利麵向來都是麵包師傅做的（現在還有很多舖子既做麵包也做麵食），所以製麵師傅很可能是從義大利的半月形麵包（mezzelune）得到靈感，而這種半月形麵包也是從奧地利月牙麵包變化而來的。

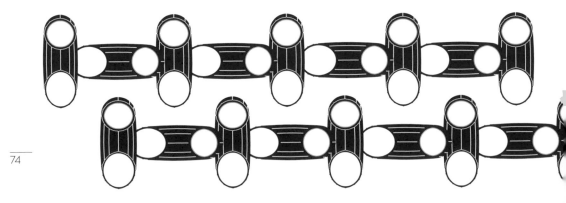

CHIFFERI ALLE OLIVE VERDI
彎管麵佐綠橄欖茄汁醬

四人份前菜或二人份主菜

200克彎管麵
200克苦味綠橄欖（裂紋的或
　　Lucques品種）
5大匙特級初榨橄欖油
2瓣大蒜，切薄片
1/2小匙乾的紅辣椒碎末（依個人
　　喜好而加）
250克新鮮番茄，切大塊，或櫻
　　桃番茄，切對半
2大匙平葉荷蘭芹末
100毫升淡味茄汁醬（頁15）或
　　番茄糊

適合這道醬料的麵款

campanelle/gigli、fusilli a mano、
fusilli、spaccatelle

這道食譜是從巴里省（Bali）的料理變化而來的，巴里省居民會用一種介於煎炒和煨煮的方式把生的（出奇的苦）熟成黑橄欖和新鮮番茄、大蒜及油一同調理，黑橄欖煮軟後味道會變得柔和些，整道菜仍帶苦澀味但卻爽口無比，通常只配著麵包吃。黑橄欖產季短，而且遠離地中海一帶，未醃漬的食用橄欖不易取得，但是這份食譜做出來的和巴里省的在地滋味很相近——醃漬綠橄欖的苦味沒那麼濃烈。

　　將橄欖去核，剖對半——最簡單的方法是用刀面穩當地碾壓橄欖，果肉會裂開，核自然鬆脫。取一口大的煎鍋用中火熱油，爆香大蒜，煎到快上色。辣椒碎末下鍋（如果想加的話），緊接著下番茄塊。如果你用的是新鮮橄欖，則跟著番茄一起下鍋（連核整顆下），但如果用的是醃漬橄欖，煮的時間不需太久，不用太早下。把番茄煎煮5分鐘左右，直到部分的皮開始變色，而其餘的開始變得軟糊。這時放入醃漬橄欖，繼續煮4至5分鐘，直到鍋中物慢慢呈現出醬的質地，而比較不像快炒。把火轉小，放入荷蘭芹末和茄汁醬，繼續煨煮5分鐘，煨到醬汁變得濃稠。

　　醬煮好後可以馬上佐麵吃，也可以事先煮好醬，等麵下鍋煮時，再把醬汁重新加熱。

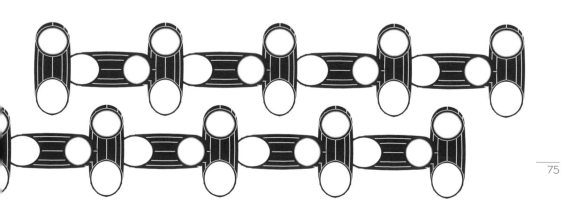

CONCHIGLIE RIGATE
槽紋貝殼麵

大小
長：31.5毫米
寬：23.5毫米

同義字
arselle（一種小蛤蜊）、abissini、
coccioline（碎片）、conchigliette
（小貝殼）、tofettine

對味的烹調
辣味茄汁醬；燉培根豌豆；小螯
蝦番紅花醬；風月醬；利科塔乳
酪茄汁醬；茄汁醬；紫萵苣、煙
燻培根和梵締娜娜乳酪；鮪魚肚茄
汁醬

製作麵食的師傅都有一雙巧手，可以把麵食仿製成各種貝殼的形狀，做得維妙維俏。很多麵款在外觀上和貝類、矽藻以及微生物還真有幾分神似——翻看這本書的插圖時，我總會想起印有海貝類和早期顯微研究的蝕刻版畫的書。

雖說只要是貝殼形狀的麵都可以用conchiglie一字來通稱，不過這個字主要是指某個特定形狀的麵，其造型很像玉黍螺或瑪瑙貝。這款貝殼麵，外層有槽紋，內裡光滑，有如一只深口碗，比其他造型的麵更能盛住醬汁，特別適合搭配口味清爽的醬汁，譬如淡味茄汁醬（頁15），或辣味茄汁醬（頁196），配粗切的蔬菜也不賴（譬如次頁的兩道食譜），蔬菜丁會跑進貝殼的凹穴內，一口吃下有麵有菜很方便。

CONCHIGLIE RIGATE CON FAVE E RICOTTA
槽紋貝殼麵佐蠶豆利科塔乳酪醬

四人份前菜或二人份主菜

200克槽紋貝殼麵
750克帶莢的蠶豆（或220-270
　克去莢的蠶豆）
200克羊奶利科塔乳酪
4大匙特級初榨橄欖油
1顆中型洋蔥（200克）
2大匙頂級的橄欖油，或佩科里
　諾羅馬諾乳酪屑少許

適合這道醬料的麵款
chifferi rigati、orecchiette

蠶豆去莢，在滾水裡汆燙2分鐘，撈起後放入冷水裡冰鎮。涼了之後把外皮剝掉，太小顆的（比手指甲小的）除外。

　　將利科塔乳酪、75毫升的水和1大匙油攪打成糊狀——可以全放入攪汁機裡攪，也可以倒入細篩網裡過篩。攪好後盛在一口大碗裡，置旁備用。

　　接下來你得自己拿捏時間。產季後期產的蠶豆比較大顆、粉鬆，需要煮久一點，因此，洋蔥下鍋煎炒10分鐘後，再把麵放進水裡煮。產季早期產的蠶豆較小顆，甘甜軟嫩，所以洋蔥下鍋炒之際，麵也要同時放進水裡煮。不論是哪一種情況，麵下水煮之後，你就把裝利科塔乳酪糊的碗擱在煮麵鍋的口緣上方，讓乳酪糊慢慢升溫，偶爾攪動一下，在乳酪糊凝結之前移走。

　　洋蔥切細絲，用剩餘的油以中火炒軟，炒到呈淡金黃色——約10分鐘。然後放入蠶豆和剛好蓋住蠶豆的水量（80毫升左右），煨煮成醬汁——早春產的豆子煮2分鐘即可，夏末產的則要煮20到25分鐘。如果豆子需要煮一陣子，你要不時加點水進入，但是要斟酌一下，免得醬汁變得太稀。

　　麵和豆子都煮好時，把麵瀝出，拌入蠶豆混料裡。等醬料均勻地裹住麵，便加入利科塔乳酪屑，再拌一拌。起鍋後淋一點橄欖油或佩科里諾乳酪屑即可享用。

CONCHIGLIE RIGATE CON BROCCOLI ROMANESCO
槽紋貝殼麵佐羅馬花椰菜

四人份前菜或二人份主菜

160克槽紋貝殼麵
1顆羅馬花椰菜（400克）
6大匙特級初榨橄欖油
1條大的鹽漬鯷魚柳，切碎（依個
　人喜好而加）
1瓣大蒜，切末
1小撮乾的紅辣椒碎末（1/2小
　匙，如果你要加辣）
4大匙平葉荷蘭芹末
佩科里諾羅馬諾乳酪或帕瑪森乳
　酪少許，或數匙上好的油

適合這道醬料的麵款

casarecce、farfalle、farfalle
tonde、linguine、orecchiette、
penne、reginette、spaccatelle、
spaghetti、spaghetti、
spaghettini、tortiglioni、torfie

這是麵和花椰菜可以同時煮的菜色之一（見貓耳朵麵佐蘿蔔葉，頁173；蝴蝶麵佐青花菜，頁95）。兩者所需的烹煮時間差不多，可以同時煮確實很理想。不過我這會兒要偏離向來力求簡單的原則——我偏好把花椰菜放進橄欖油裡油漬一會兒，之後再做成醬。這道菜其實變化多端，可以加松子、葡萄乾，灑麵包屑或佩科里諾乳酪或帕瑪森乳酪來吃、加不加鯷魚都行。

　　羅馬花椰菜切小朵，摘掉發黑的葉子，保留顏色較淡的小葉子，小葉子不僅雅緻，吃起來也很可口。整個處理完之後，約有300克左右。接著放進調好鹹度的鹽水裡（至於煮麵的水，每公升放12克鹽巴），煮10至14分鐘，直到入口即化——一夾就碎的程度。把菜撈起，瀝乾，平鋪在盤子裡，淋下一半份量的橄欖油，油漬起碼10分鐘，再拌入麵裡。

　　麵差5分鐘煮熟時，把鯷魚丁、蒜末、乾辣椒末以及剩餘的油放入冷的煎鍋裡，開小火慢煎，煎到鯷魚丁完全散開成碎末（你可以用杓背把魚肉丁碾散）。接著下花椰菜，把火轉大，煎炒一兩分鐘（小心別讓花椰菜變色，要是苗頭不對就趕緊灑點水進去）。灑下四分之三的荷蘭芹末，然後把麵瀝出，倒進煎鍋內，並加一點煮麵水。全部煮1分鐘後即可起鍋，起鍋前灑下剩餘的荷蘭芹末，喜歡的話淋一點油並灑少許的乳酪屑。

CORZETTI
壓花圓麵片

大小
直徑：60毫米
厚度：1.5毫米

同義字
熱那亞省方言稱curzetti，皮蒙一帶稱croset，艾米利亞－羅馬涅一帶稱crosetti；croxetti、torsellini

對味的烹調
熱那亞青醬

壓花圓麵片是來自利古里亞（Liguria）大銅板狀的麵片，用麵粉和水做成的，有時候會加些許蛋液和油。這種麵不會擀得很厚，並且裁成圓盤狀，兩面用一對圓柱形果木戳章（以手工雕上花紋）印上浮雕似的精緻花樣，通常是家徽。壓花圓麵片的名稱來自熱那亞舊時一款錢幣形的麵食croset，這款麵可遠溯自14世紀，約大拇指長。雖然壓花圓麵片是從古時候的croset演變而來，千萬別把它和皮蒙一帶的croset相混淆，兩者雖然源出同處，不過在今天的北義地區，croset指的是貓耳朵麵——拇指指甲大小的圓麵片，中央有個用指尖輕輕壓出的淺凹口。

壓花圓麵片是具有高度裝飾效果的麵，而且帶有些許的象徵意義。就像其他設計精良的麵款一樣，裝飾性和功能性兼具，麵片上的浮雕凸飾可以留住少許的油性醬汁，諸如胡桃青醬或經典的馬郁蘭松子醬。

CORZETTI ALLE NOCI
壓花圓麵片佐胡桃青醬

八人份的小份量前菜
或四人份主菜

壓花圓麵片
400克00號麵粉
5枚蛋黃或2顆全蛋
125毫升白酒

胡桃青醬
100克去殼胡桃
60克隔夜麵包（去皮後的重量）
4大匙牛奶
1瓣大蒜
幾片現摘的新鮮奧勒岡葉，少於
　一大匙
80克帕瑪森乳酪屑
150毫升特級初榨橄欖油
100毫升溫水
帕瑪森乳酪屑少許

適合這道醬料的麵款
fazzoletti、pansotti、tortelloni、
trofie

麵團的部分，把所有的材料揉勻，靜置一會兒後再擀成1.5釐米厚的麵皮。用圓形模具蓋出圓麵皮（也許是7公分寬），用有浮雕圖樣的木製模具在圓麵皮兩面印出花樣。除非你手邊湊巧有這種模具，否則任何能印出花樣的東西都可以。用模具蓋出圓麵皮之後，剩下的邊邊角角即可丟棄，把它們集中起來再擀成麵皮只是白費力氣。把壓花圓麵皮晾乾一下再煮，晾的時間約在1個鐘頭左右（你也可以用400克的乾麵片）。

醬汁的部分，胡桃放到剛煮開的水裡泡約15分鐘，撈出瀝乾，剝掉顏色特別黑的皮膜。麵包放進牛奶裡浸泡，大蒜壓碎。接著把所有的材料放進食物調理機攪碎，攪到混料的質地相對變得細滑。試一下味道。要是太稠的話（你要的是用湯匙攪得動的濃稠度），加一點水進去。與此同時，把麵下到滾水裡煮。

瀝出煮好的麵片放進醬裡，加點煮麵水拌一拌，水別加多，只要讓醬料稍稍變稀，方便裹住麵片即可。起鍋後可以直接吃原味，也可以灑上少許的帕瑪森乳酪屑增添風味。

CORZETTI CON MAGGIORANA E PINOLI
壓花圓麵片佐馬郁蘭松子醬

四人份前菜或二人份主菜

一份壓花圓麵片麵團
100克松子
120克牛油
4大匙現摘的馬郁蘭葉（或新鮮
　的奧瑞岡葉）
適量的帕瑪森乳酪屑或別種的葛
　拉納乳酪

適合這道醬料的麵款

caramelle、fazzoletti、pansotti、
ravioli Genovese

這道醬用橄欖油或用牛油做同樣好吃。你可以改用100毫升上好的特級初榨橄欖油（可能的話用利古里亞產的）來做這道醬；若是如此，那麼這道醬最好別用煮的，松子也生吃，讓它釋出樹脂味，你只消把橄欖油、松子和馬郁蘭葉混合起來當淋醬，淋拌煮熟的圓麵片。

用上頁的作法製作壓花圓麵片。

麵片下滾水裡煮。用牛油煎松子，等兩者都變成淡焦黃色時（小心別煎焦了），下馬郁蘭葉，等上一兩秒，當它在油裡煎得滋滋響時，倒入150毫升煮麵水。是不是要絲毫不差地倒入那水量其實沒那麼重要，你只要倒入足夠的水，把它煮開，滾個兩分鐘，讓它稍微收乾變稠，當你晃動鍋子時，汁液可以絮絮實實地呈乳狀即可。要是水太多，可以把火轉大；要是水太少，便多彈點水進去。等醬汁稠得像濃的鮮奶油一樣，麵片這會兒也快熟了，把麵瀝出，放進乳醬裡，跟醬一同拌煮幾秒鐘，當乳醬均勻地沾附在麵片上即可起鍋。灑上帕瑪森乳酪。我建議你拿把刨刀，現刨幾片乳酪薄片，點綴在上面，和壓花圓麵片相映成趣。

CUSCUSSÙ
庫司庫司

大小
直徑：1.5至3毫米不等

同義字
casca，薩丁尼亞島稱cashca，
托斯卡尼稱cuscussu

庫司庫司之所以出名當然是因為它來自北非，不過在料理上、建築上和文化上仍留有阿拉伯遺跡的西西里島，它依然是當地主食。話雖如此，義大利境內各地都可找到庫司庫司的食譜，最有名的就屬薩丁尼亞島的作法（和雞肉及番紅花一起烹調），以及托斯卡尼地區的作法（配肉丸吃的羹湯）── 這說不定意味著，庫司庫司登陸義大利本土的時間得要溯自羅馬人統治時期。

　　庫司庫司的作法和其他的麵食完全不同。製作他款的麵食時，要把麵粉和成結實的麵團，再塑形。製作庫司庫司時，一手蘸取水往一層粗粒麥粉（不是細製的杜蘭麥粉，而是粗得剛剛好的那種）上頭灑，另一手撥攪沾溼的麥粉，撥成一顆顆粗粒。這些粗粒的麵食通常會先晾乾，之後才拿去蒸煮── 烹調時若拿捏得好，質地會相當鬆軟，而且口感格外輕盈，這是因為麥粉幾乎沒有產生筋性（揉麵團時穀膠蛋白〔gliadin〕和小麥穀蛋白〔glutenin〕結合而成的產物）。這小顆粒狀的麵食會吸飽醬汁，就像海綿或米粒（又或者說像一片沙灘）會吸水一樣。

CUSCUSSÙ TRAPANESE
庫司庫司佐魚肉杏仁醬

四人份前菜或二人份主菜

200克庫司庫司
300克小型魚類（紅鰹、魴魚一
　　類，去除內臟後的重量）
1/2顆中型洋蔥或1顆小型洋蔥，
　　切碎
4大匙特級初榨橄欖油，喜歡的
　　話可以額外多一些
1支小的乾辣椒
1片月桂葉
1小把（20克）平葉荷蘭芹
30克汆燙過的杏仁
1瓣大蒜
300克番茄，切碎
400克淡味魚高湯

這道食譜是西西里最著名的一道料理，來自特拉潘尼
地區。

選用的魚愈小，這道菜的味道愈棒，雖然吃起來
也比較麻煩些。把比香菸長的魚切成適當大小。

用3大匙油以中火把洋蔥、辣椒和月桂葉炒軟，
而且呈金黃色——約10分鐘。荷蘭芹粗略地切碎，和
杏仁及大蒜一同搗成泥。將魚高湯煮開，把整整一半
的量倒入庫司庫司裡，隨後拌入一大匙的油和鹽，試
試鹹淡，蓋上鍋蓋，回頭來燉魚肉。

番茄放入鍋裡和洋蔥一起煮2分鐘，接著下魚
（先用鹽和胡椒調味過），翻面兩三次，好讓魚肉沾裹
醬汁。把魚肉混料煮開，拌入杏仁泥，煨煮一兩分
鐘，煮到魚肉熟透。試試鹹淡。

用叉子把庫司庫司挑鬆，盛盤，舀出燉魚料覆蓋
在庫司庫司上，喜歡的話淋一點橄欖油。

DISCHI VOLANTI
飛碟麵

大小
直徑：20毫米
厚度：2毫米

對味的烹調
朝鮮薊、蠶豆和豌豆；培根豌
豆；火腿、豌豆奶醬；匈牙利魚
湯；小螯蝦番紅花醬；扁豆；蘆
筍兔肉醬；利科塔乳酪茄汁醬；
紅椒威士忌醬

自從飛行員肯尼斯‧阿諾德（Kenneth Arnold）1974年
在美國領空看見不明飛行物，隨口說出「飛行的碟
子」一詞之後，飛碟麵旋即被發明了出來（義大利文
dischi volanti就是飛碟的意思）。媒體的大肆報導掀起
世人一陣飛碟熱，不管是不是火星人造訪地球，義大
利麵裡確實有一款飛碟麵，而且相當好吃。

DISCHI VOLANTI CON OSTRICHE E PROSECCO
飛碟麵佐牡蠣茵陳蒿

四人份前菜或二人份主菜

200克飛碟麵
1打小型肥美的牡蠣
1根香蕉形紅蔥頭（70克），切末
25克牛油
170毫升波西克氣泡酒
　（prosecco）或香檳
150毫升超濃鮮奶油
2小匙茵陳蒿（tarragon），切碎

適合這道醬料的麵款
route、tagliatelle、tagliolini

這份食譜的出處大不相同，源自康絲坦斯．史普瑞（Constance Spry）*，無疑是1950年代的復古菜色，食材包括了罐頭煙燻牡蠣、貝夏美醬和紅辣椒。可惜這道菜不合我胃口，所以我把它的味道改清爽些。假以時日，我的版本肯定也會變得落伍，叫未來的美食潮人倒胃口，但希望它目前合大家的口味。

把牡蠣殼撬開，取出牡蠣，殼裡所有的汁液都要留下來，殼則丟棄。

麵下滾水裡煮。

用牛油以小火煎紅蔥頭，煎2分鐘（別讓它上色），然後倒入120毫升的波西克氣泡酒。等鍋裡不再冒泡後，倒入鮮奶油，煮開。待汁液變得很稠時，把牡蠣放進去，用小火煮1分鐘，直到牡蠣鼓膨即可。用漏勺撈出牡蠣，每顆切成四份。繼續熬煮鍋中的汁液，把它熬得又稠又香濃。

神奇地，又或者是你時間算得準，麵這會兒也剛煮好，很彈牙。把麵瀝出，加到醬汁裡，同時把切好的牡蠣和茵陳蒿放進去，剩下的一丁點兒波西克氣泡酒也別放過，盡數倒入鍋內。加胡椒調味，需要的話再加點鹽。起鍋盛盤，佐一杯波克西氣泡酒更是無上的享受。

* 1886-1960，英國花藝師，也是烹飪家，二次大戰期間為鼓勵英國婦女在家栽種蔬果自耕自食，於1942年出版《上菜園去，下廚吧》（*Come Into The Garden, Cook*）；更於1956年和烹飪家羅絲瑪莉．修姆（Rosemary Hume）合出一本暢銷食譜書《史普瑞烹飪集》（*Constance Spry Cookery Book*）。

DITALI AND DITALINI
大小頂針麵

大小

直徑：6毫米
長：7毫米
管壁厚度：1毫米

同義字

tubetti、tubettini、gnocchetti di ziti、ditaletti、coralli（珊瑚，像珊瑚項鍊上的珠子）；在普利亞地區和西西里島稱為denti di vecchia（老嫗的牙）；denti di cavallo（馬牙）、ganghi di vecchia、magghietti

類似的麵款

ditali rigati、ditalini rigati、ditaloni、ditaloni rigati

對味的烹調

焗烤麵餅圈；雞肉李子醬；扁豆；通心粉沙拉

大頂針麵以及它最小的弟兄小頂針麵皆屬於短管麵，其直徑和長度差不多。Ditali是從義大利文ditale（頂針）演變而來，ditalini則是從dita（手指）而來。在眾多的別名之中，最有趣的就屬「老嫗的牙」或「馬牙」。頂針麵現在都是工廠製的，但它早在19世紀之初就已經存在。小型的通常拌清湯吃，大一點的則是做成羹湯。不論大或小都可分為表面光滑的和有溝紋的兩種，可佐濃醬吃——譬如Calabrese pasta ca trimma，把麵和馬鈴薯一道煮，然後把加了佩科里諾乳酪和荷蘭芹的蛋液倒入拌勻。這兩種麵的形狀像珠子，可以和芹管麵（頁224）交錯串成項鍊。

PASTA E FAGIOLI
頂針麵花豆湯

四人份前菜或二人份主菜

100克溝紋頂針麵
450克煮熟瀝乾的花豆
350毫升煮豆水（若是用罐頭花
　　豆，直接用水即可）
1/2顆小型洋蔥，切末
1瓣大蒜，切末
1小匙新鮮迷迭香，切末
1小撮乾的辣椒碎末
6大匙特級初榨橄欖油

適合這道醬料的麵款
chifferi rigati、maltagliati、
pappardelle（掰碎）

將三分之二的花豆加水（或加煮豆水，如果你自己煮豆子的話）打成泥。用1大匙的油以小火炒洋蔥、大蒜、迷迭香和辣椒，並且加入一大撮鹽，炒約2分鐘，直到食材變軟並且開始上色。

　　這時把豆泥連同剩餘的豆子加進煎鍋裡，煮開。然後放入生的麵，熰煮至彈牙，期間要不時輕輕攪拌。你可能需要加點水進去，但記得你要做的是一道麵羹。盛盤後淋上一匙橄欖油。

DITALI CON CECI E VONGOLE
頂針麵佐鷹嘴豆和蛤蜊

四人份前菜或二人份主菜

150克頂針麵
300克煮熟的鷹嘴豆（瀝乾後的
　　重量）
350毫升的煮豆水（若是用罐頭
　　豆子，就用水無妨）
7大匙特級初榨橄欖油
500克生鮮蛤蜊
2瓣大蒜，切薄片
一撮適量的乾辣椒碎末
一小把平葉荷蘭芹，切碎
1小匙新鮮的紅辣椒末（依個人喜
　　好而加）

適合這道醬料的麵款
chifferi rigati、farfalle、farfalle
tonde、pasta mista、torchio

在麵要起鍋之前的10分鐘（口感稍韌，約比包裝上所指示的時間少一分鐘或不到一分鐘），開始製作醬料，所以你可依此拿捏時間。

把三分之二的鷹嘴豆和煮豆水打成細泥。把一口寬大的煎鍋燒熱（煎鍋大到足以讓蛤蜊平鋪而且仍有餘裕）。鍋燒得很燙時，下6大匙油，蛤蜊和蒜片也一併全數下鍋。蒜片逐漸上色時，放入乾辣椒末和一半份量的荷蘭芹，一兩秒之後再倒入豆泥和剩餘的豆子。讓醬汁滾沸冒泡。將開了殼的蛤蜊一一夾出鍋子（讓蛤蜊肉留在殼裡），置旁備用。最後一顆開殼後，試試醬汁的味道。需要的話，讓汁液繼續滾，直到它的質地像稀的鮮奶油一樣稠。放入瀝乾的麵，煮熟的蛤蜊也倒進去，灑上剩餘的荷蘭芹，拌攪均勻，煮到醬汁變得像濃的鮮奶油一般稠，但是仍保有幾分湯的樣子。

起鍋盛盤，淋一匙油，喜歡的話，灑一點新鮮辣椒末。

FARFALLE
蝴蝶麵

大小

長：39毫米
寬：27.5毫米

同義字

fiocchetti（小薄片）；摩典娜市
（Modena）稱為stricchetti；阿布
魯佐（Abruzzo）和普利亞地區稱
為nocchette。小一號的麵款見
canestrini，大一號的見farfalloni

對味的烹調

朝鮮薊、蠶豆和豌豆；培根和豌
豆；蠶豆；鷹嘴豆和蛤蜊；櫛瓜
和明蝦；火腿、豌豆奶醬；牛肝
蕈奶醬；風月醬；羅馬花椰菜；
明蝦沙拉；干貝和百里香

蝴蝶麵在義大利以外的地方又叫「領結」麵，在需要
用手搓捏的麵款裡，這是最容易製作的一種──只消
把長方形的麵片攔腰一捏就成了（通常先用鋸齒型切
刀把兩端裁成鋸齒花邊）。

它的變異版，「胖蝴蝶麵」（farfalle tonde），是用
橢圓形或圓形的麵片捏成的。這類麵食可以盛住更多
的醬汁，製作上也比較省錢。你可以純粹用粗粒麥粉
來揉製麵團，也可以用麵粉加蛋──前者搭配青蔬較
對味，後者則適合佐菇類、肉類和奶醬；不過要用什
麼樣的麵團，全憑廚子決定。

一般來說，比較講究手工、售價較高的製造商，
用的是雞蛋麵團；用機器生產的製造商，用的是較便
宜的杜蘭小麥粉。和蝴蝶麵同屬一掛，靈感擷取自大
自然的還有：海螺麵（cocciolette）、貝殼麵（頁
76）、田螺麵（頁150）、珊瑚麵（corali）以及「小蟲
蟲麵」（vermicelli，頁54）。蝴蝶麵中央的縐褶可以讓
麵煮過後保有彈牙口感，而且可以盛住一點醬汁。這
款麵通常會淋上清爽的青蔬醬作為夏日麵點，在蝴蝶
紛飛的戶外享用。

INSALATA DI FARFALLE, ZUCCHINE E PINOLI
蝴蝶麵佐櫛瓜、檸檬皮絲和松子

這兩頁的食譜皆為四人份前菜或二人份主菜

200克蝴蝶麵
70克松子
少許油用以焙煎松子
3顆小而結實的櫛瓜（約300克），切成2-4毫米的圓薄片
4大匙特級初榨橄欖油
2瓣大蒜，切薄片
檸檬皮絲及汁液
羅勒和平葉荷蘭芹各一小把，切絲
帕瑪森乳酪屑適量（依個人喜好而加）

適合這道醬料的麵款
casarecce、fusilli、gemelli、sedanini

蝴蝶麵下鍋煮到你要的軟硬度，撈起後用冷水沖涼。用大火把煎鍋熱到非常非常燙，下櫛瓜，接著放一大匙油和一點點鹽巴，翻炒1分鐘左右。這時櫛瓜半熟，有些煎成漂亮的焦黃，放入蒜片，再煮1分鐘多。這會兒櫛瓜就快熟了，關火，用鍋子的餘溫續煮櫛瓜。一會兒過後櫛瓜應該會部分上色，而且熟透，但仍有點脆，而且乾得恰恰好。

混合檸檬皮絲、檸檬汁和剩餘的油，做成淋醬，嚐嚐味道，加鹽和胡椒調味。取一口小煎鍋，放入松子，淋上少許油，用中火焙煎到呈淡琥珀色。等櫛瓜和松子在室溫下放涼時，拌入麵、辛香草和淋醬，混合均勻。靜置20分鐘再吃最理想，吃的時候可灑一點帕瑪森乳酪屑。

FARFALLE CON PROSCIUTTO CRUDO E PANNA
蝴蝶麵佐風乾生火腿奶醬

200克蝴蝶麵
80克濃的鮮奶油
50克風乾生火腿，片成1公分長條
50克帕瑪森乳酪屑，額外多準備一些
2枚蛋黃

適合這道醬料的麵款
bucatini、fettuccine、rigatoni、tortiglioni

這道食譜的作法介於奶醬和培根蛋奶醬（頁36）之間，快速又簡單，口味很清爽，讓人一吃上癮。只要把培根蛋奶醬裡焦香酥脆的義式鹹豬肉和肥肉換成風乾火腿肉，你馬上能變出英國佬或美國佬口中好吃的「培根蛋奶義大利麵」，不過羅馬人肯定會說你這樣做簡直是「胡搞一通」。

蝴蝶麵下到滾水裡煮。在大碗裡把鮮奶油、風乾生火腿片、帕瑪森乳酪和蛋黃拌勻，加鹽和大量的現磨胡椒調味。等麵煮到彈牙的程度，瀝出，拌入奶醬裡，灑下額外的帕瑪森乳酪屑即可享用。

FARFALLE AL SALMONE, ASPARAGI E PANNA
蝴蝶麵佐煙燻鮭魚蘆筍奶醬

200克蝴蝶麵
150克煙燻鮭魚
1小把蘆筍
120克濃的鮮奶油
50克牛油
肉豆蔻粉少許
幾支茵陳蒿、蒔蘿或羅勒，用手
　撕碎

適合這道醬料的麵款
fettuccine、gnocchi shells、
tagliatelle

將鮭魚片成5毫米寬的魚柳。蘆筍切成3公分小段，除去硬梗的部分。

等麵差2分鐘就要熟時，將蘆筍放入煮麵的滾水內。用一口稍小的煎鍋，把鮮奶油和牛油煮到微滾，加肉豆蔻和黑胡椒調味（先別加鹽）。需要的話加一小勺的煮麵水。當麵煮到比彈牙稍韌一點時，瀝出，加到奶醬裡，邊煮邊拌，直到麵均勻地沾附著奶醬。起鍋的前一分鐘（關火），拌入鮭魚片和你想加的辛香草。調一下鹹淡，上菜。

FARFALLE CON BROCCOLI E ALICI
蝴蝶麵佐青花菜鯷魚奶醬

160克蝴蝶麵
1顆青花菜（350克），切小朵
2瓣大蒜，切片
2大匙特級初榨橄欖油
1/4小匙乾的辣椒碎末
30克鹽漬鯷魚柳
60毫升濃的鮮奶油
50克帕瑪森乳酪屑，額外多準備
　一些

適合這道醬料的麵款
canestri、fettuccine、gnocchi
shells、reginette、trenette

我第一次吃這道菜，是摩洛（Moro）餐廳的山姆和莎曼珊‧克拉克（Sam and Samantha Clark）親自為我烹煮的，真是好吃到不行。用常見而且大家都愛吃（或討厭吃）的青花菜入菜非常對味。

將蝴蝶麵和青花菜一同放入一大鍋調好鹹度的鹽水裡煮。另起油鍋，爆香蒜片，一見蒜片開始上色便關火，加入辣椒末。等鍋裡油煎的嘶嘶聲消失，便放入鯷魚（切碎而且加了一匙水潤濕過），用木杓的背面把魚肉丁碾碎，讓肉末散開化入油裡。麵快熟時，將鮮奶油倒入煎大蒜的鍋裡，再把火轉開。將麵瀝出（這會兒應該已經彈牙，青花菜也軟了），倒入醬汁裡。麵和醬料一起繼續煮，煮到醬稠得裹覆著麵，起鍋前灑一點帕瑪森乳酪屑和大量黑胡椒，如果醬太過黏稠，加一大匙煮麵水進去。

FAZZOLETTI
手帕麵

大小

長：125毫米
寬：177毫米
厚：0.5毫米

同義字

fazzoletti di seta（絲質手帕）或方言裡的mandilli di sea

對味的烹調

朝鮮薊、蠶豆和豌豆；馬郁蘭松子醬；窮人的松露；胡桃青醬；胡桃醬

手帕麵的義大利文fazzoletti即是「手帕」的意思，這款麵在義大利中北部很常見，細薄透光的方麵片不經意落在盤子上的隨興雅致，深受當代廚子所青睞。這款麵在利古里亞一帶格外熱門（當地的手帕麵是用麵粉和白酒做的，其他地方的麵團則是加雞蛋），當地方言叫fazzoletti di seta或mandilli di sea，意思是「絲質手帕」。那麵團之柔軟，厚度之細薄，質地之光滑，當麵片做好後，看起來果真像絲綢一般。製麵的技藝能夠提升到如此精湛的藝術層次，全拜文藝復興式的烹調法盛行所賜。在必須以手工擀麵的情況下，能夠把麵皮擀到如此薄透的手藝並不多見。這巧奪天工的小手帕麵，就像鷹嘴豆大小的小餛飩（頁262），如今已經很少是手工製作了；也像長金髮一般的髮絲麵（頁54），現今也不再是手擀的了。不具有文藝復興力求完美的精神，是做不出手帕麵的藝術層次的。

這些薄麵片只要在滾水裡燙個1分鐘就熟了，而且沒法攔截多少醬汁。佐經典的熱那亞青醬（頁276）或胡桃醬（頁82）很對味。

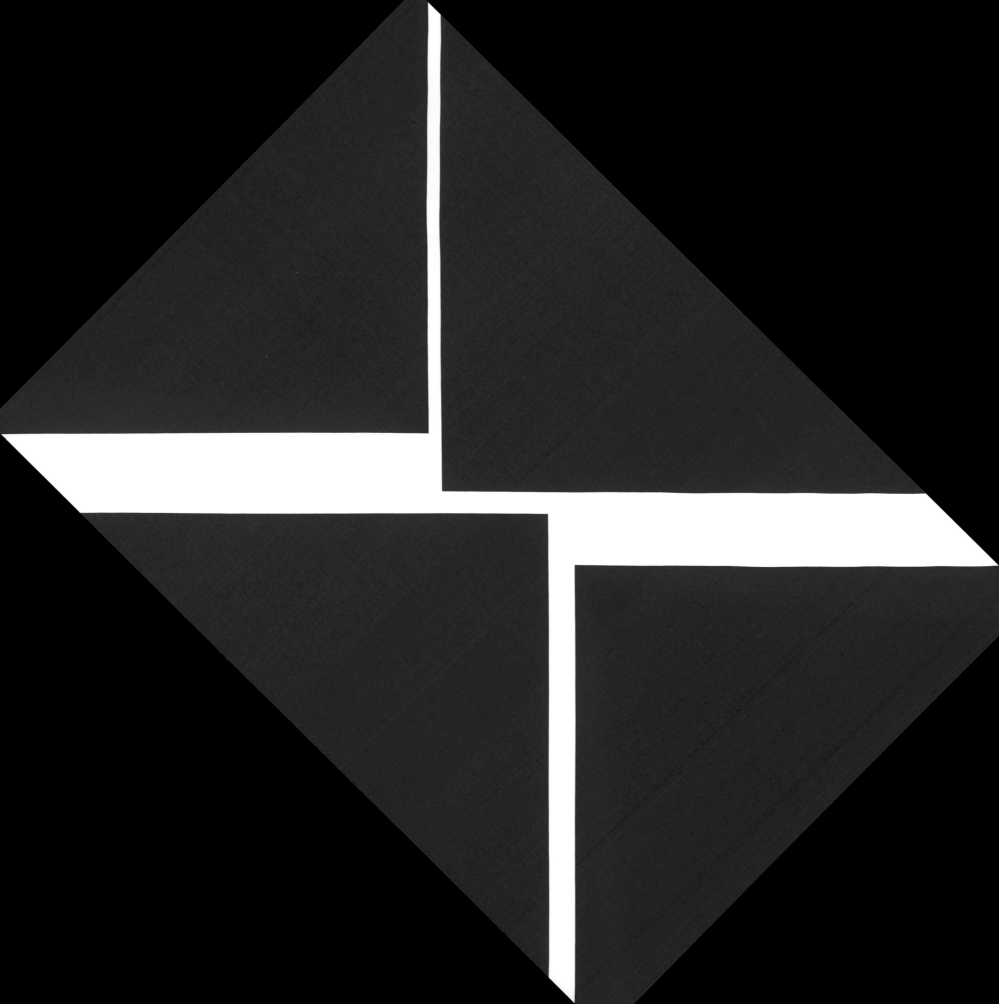

TRUFFLED FAZZOLETTI
松露手帕麵

四人份前菜或二人份主菜

240克香濃版的雞蛋麵團（頁13）
1粒冬季黑松露，重約40-50克
80克牛油
帕瑪森乳酪屑適量

適合加松露的麵款

tagliatelle、pappardelle

像平常一樣擀麵團，擀成12公分寬、2毫米厚的超長麵皮。把一半的松露刨成薄片——如果你有松露刨刀的話，可別為了做這道菜特別跑到店裡去買，買一把松露刨刀的錢可能比松露本身還貴，用一般的馬鈴薯削皮器一樣能搞定。

　　將松露薄片鋪在一半的長麵皮上，當心別讓松露片重疊。拉起另一半麵皮，覆蓋在松露上。然後把夾著松露薄片的兩層麵皮擀開來，先擀成和之前一樣的厚度（如果你用壓麵機擀，設定的刻度不變），接著一次次地把它擀薄，直到比1毫米稍薄一些。

　　要是你把夾有松露的麵皮擀破了，別愁，小破洞補得回來，如果麵皮破得不像話，把麵皮折幾折，重新擀開來——這會兒松露會碎開，而且會嵌入麵團裡，擀好的麵皮會不大好看，而且麵皮會因為松露的緣故而變得比較濕，擀的時候可能需要在表皮灑一點麵粉。

　　將麵皮裁成粗略的方形，長寬各約12公分。趁把水煮開的空檔，讓這些麵皮晾乾幾分鐘。

　　等鍋裡的鹽水煮開，把麵片放進去，一次一片，動作要快。只消一兩分鐘這些麵片就會熟了，但這一兩分鐘的時間，也幾乎夠你用來烹煮拌醬。把剩餘的另一半松露磨碎，放入已經讓牛油融化的熱煎鍋裡，用最微弱的火力把松露屑加熱，直到它微微冒泡，約1分鐘左右。把麵片瀝出，拌入松露醬裡，加一勺左右的煮麵水，輕輕地拌勻。盛盤時讓麵片隨意地交錯堆疊，然後灑一點帕瑪森乳酪屑在上頭。

FAZZOLETTI CON LE FAVE FRESCHE
手帕麵佐蠶豆泥

四人份前菜或二人份主菜

260克雞蛋麵團
300克去莢的蠶豆，新鮮的或冷
　凍的皆可
3支青蔥，切2公分小段
1瓣大蒜，切片
5大匙特級初榨橄欖油
1小把羅勒葉
2大匙特級初榨橄欖油，澆淋
　用；或是1大匙橄欖油混以2小
　匙松露油
佩科里諾乳酪屑少許（依個人喜
　好而加）

適合這道醬料的麵款

campanelle/gigli、farfalle、farfalle
tonde、fettuccine、orcchiette、
pansotti、pappardelle、
reginette、strozzapreti、
tagliatelle、torchio、truffled
fazzoletti

這道菜洋溢著春天和夏天的氣息。雖然我超愛鮮嫩的蠶豆，但用冷凍的蠶豆來做也同樣美味；又因為它口感較粉鬆，當產季進入尾聲時，用冷凍的豆子反而比新鮮的好吃。由於一年四季都買得到，當吃膩冬天的蔬菜，冷凍蠶豆不失為變化菜色的好選擇。

按平常的方法擀麵團，擀成比1毫米略薄的厚度，用擀麵機的話，設定在次薄的刻度。裁成約略12至15公分見方的麵片，置旁晾乾。若是用新鮮的蠶豆，把豆子放進滾水裡汆燙1分鐘，撈出後浸到冷水裡降溫，冷凍的則泡在一碗冷水裡解凍。撥開豆莢取出蠶豆。

將青蔥、大蒜和油放進盛有150毫升水的小鍋子裡，加鹽和大量黑胡椒調味，蓋緊鍋蓋，用中火煮開，約煮5分鐘，或煮到青蔥變軟。然後把四分之三的蠶豆倒進鍋裡煮軟，如果是鮮嫩的豆子約1分鐘即可。加入羅勒葉，趁熱打成泥。打好的醬會很稠，但還是倒得出來。

趁打豆泥的空檔，把麵下到滾水裡煮。拿一顆另置一旁的蠶豆嚐一嚐，如果是你要的口感，便把它們裝進碗裡，擱在煮麵鍋的緣口加熱；如果還沒煮透，便倒入鍋裡和麵片一起煮個1分鐘。把麵片瀝出，放入熱過的碗裡，同時把蠶豆、蠶豆泥和所有佐料加進去，拌勻，淋一點橄欖油後馬上享用。灑一點佩科里諾乳酪屑也很美味，但我偏愛吃原味。

FETTUCCINE
緞帶麵

大小
長：250毫米
橫切面：12.5毫米×1毫米
厚度：1毫米

同義字
fettucce（更寬的版本）、
tagliatelle、ramicce、sagne

對味的烹調
朝鮮薊、蠶豆和豌豆；燉培根和
豌豆；蠶豆泥；青花菜、鯷魚奶
醬；培根蛋奶醬；火腿奶醬；熱
那亞肉醬；火腿、豌豆奶醬；小
螯蝦番紅花醬；扁豆；羊肚蕈；
牛肝蕈；蘆筍兔肉醬；干貝和百
里香；煙燻鮭魚蘆筍奶醬；紫萵
苣、煙燻培根和梵締娜乳酪；胡
桃醬；白松露；野豬肉醬（wild
boar sauce）。

緞帶麵等於是南義版的義式刀切麵（頁248）。雖然
它來自羅馬（義大利中部的大城），但是在吃慣刀切
麵的北義佬眼裡，那裡已經屬「南部」了。儘管這
兩款麵可以相互通用，但典型的緞帶麵比刀切麵寬上
2至3釐米，厚度幾乎是兩倍。緞帶麵——義大利文
fettuccine的意思即「緞帶」（ribborn，從affettare一字
演變而來，意指「切片」）——通常佐奶醬，這類醬
汁本身夠稠，多少可以浸潤麵條，而且佐麵時不會變
得黏呼呼的或結塊。緞帶麵通常用簡單的雞蛋麵團製
作（頁13），卡普拉尼卡－普雷內斯蒂納（Capranica
Prenestina，羅馬省的一個鎮）的居民會把麥麩加
到麵團裡，如此做成的緞帶麵叫「蓬毛麵」（lane
pelose），這個名稱可能得自義大利文lana，意指「羊
毛」，或它的指小詞lagane，意指一種古早的麵食。

FETTUCCINE AL TRIPLO BURRO
緞帶麵佐阿佛列多醬

四人份前菜或二人份主菜

200克乾的緞帶麵（或260克用
　簡單的蛋麵團做的濕麵，頁13）
120克濃的鮮奶油
50克牛油
些許肉豆蔻粉
120克帕瑪森乳酪屑，額外多準
　備一些
1/2小匙黑胡椒粉
少許鹽巴

這道醬肯定是搭配緞帶麵最出名的一款，最初是廚師阿佛列多（Alfredo di Lelio）於1914年在Alfredo alla Scrofa餐廳端出的菜色——緞帶麵佐三倍奶醬（fettuccine al triplo burro）。這道菜是他老婆發明的，她當時剛懷孕，食欲不佳。一般所謂的雙倍奶醬，是在麵條盛盤之前和之後把牛油加到盤子裡；而阿佛列多做的三倍奶醬，是在麵還沒入盤子前追加一倍的牛油。他們的寶寶出世時，重量想必也很可觀。無論如何，這道菜很受美國人喜愛，在好萊塢影星瑪莉‧碧克馥（Mary Pickford）和道格拉斯‧范朋克（Douglas Fairbanks）於1927年蜜月之旅愛上這道麵食之後更是大為風行。如今這道麵食是美國境內的美式義大利餐館的必備菜色，而且會加進蔬菜、雞肉或海鮮。不過在義大利這道麵幾乎已經消失，至少以下的料理方式你絕對找不到；但話說回來，單份奶醬義大利麵（pasta al burro）仍是南義人喜愛的奢華麵食，是以橄欖油為底的家常麵之外的另一種選擇。

　　趁緞帶麵下鍋煮時，用煎鍋把鮮奶油、牛油和肉豆蔻加熱，煮到微滾。接著加入帕瑪森乳酪屑，分三四次加，同時加入3至4大匙的煮麵水和調味料。將緞帶麵瀝出，這時麵仍稍硬，拌入醬汁裡，開中火，直到麵均勻地沾裹著醬汁即可起鍋。

FREGOLA
珠麵

大小
直徑：4-5毫米

同義字
fregula

在我做得一手好珠麵時娶我進門吧。

—— 薩丁地區諺語

珠麵其實就是薩丁地區的庫司庫司，雖說薩丁也找得到正宗的庫司庫司。兩者製作的方法基本上雷同，只不過做珠麵時用的是寬大的陶缽或木缽來搓（fregola源自拉丁文fricare，「搓」的意思），做出來的麵珠子較大些，直徑約4至5毫米，外形也較規則。做好後會稍微烘烤，以加速乾燥；你若仔細看市售盒裝的珠麵，一定會發現有些被烘烤得焦黃，嚐起來有種堅果味，很像上等麵包外層的脆皮。番紅花是薩丁地區的特產（義式烏魚子也是，頁232），偶爾會加進麵團和醬料裡，就像做肥犢麵（頁164）時一樣。

由於珠麵的形狀大一些，而且極其乾燥，要用煮的才行（通常做成燉菜、拌醬麵或湯麵），不像它的姊妹庫司庫司要用蒸的。

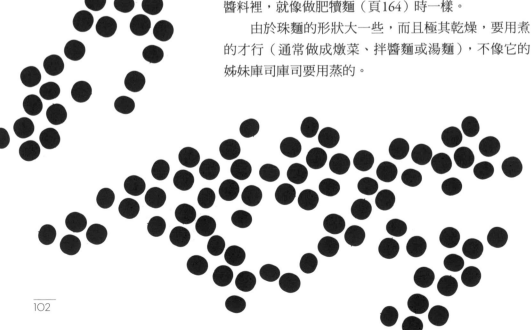

FREGOLA IN CASSOLA
珠麵佐蛤蜊茄汁醬

四人份前菜或二人份主菜

200克珠麵
4瓣大蒜
6大匙特級初榨橄欖油
200克番茄，切1公分小丁
5大匙平葉荷蘭芹末
1/4小匙乾的辣椒碎末
450毫升淡味魚高湯
300克馬尼拉蛤蜊

用刀面或手掌把大蒜壓碎。開中火，用5大匙的油爆香大蒜，待大蒜變焦黃時，撈出丟棄。接著下番茄丁、4大匙的荷蘭芹末和辣椒末，拌炒2分鐘。把珠麵放進鍋裡，翻炒一下，讓麵沾附鍋料，隨後倒入魚高湯，並且加鹽和胡椒調味。不加蓋地燜煮15分鐘（視珠麵的等級而定），直到珠麵幾乎吸乾了湯汁，而且嚼起來仍帶點兒勁，這時放入蛤蜊，讓它們浸在未乾的湯汁裡，煮到殼全都打開即可起鍋盛盤。吃之前淋下1大匙橄欖油和荷蘭芹末。

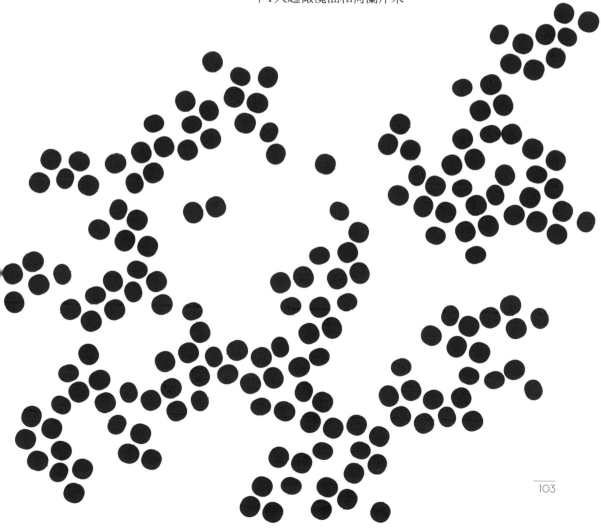

FUSILLI
螺旋麵

大小
長：52.5毫米
寬：7.5毫米

類似的麵款
rotini、eliche

對味的烹調
辣味茄汁醬；焗烤；燉培根豌豆；麵包屑和糖；法蘭克福香腸和梵締娜乳酪；蒜味醬；四季豆；綠橄欖茄汁醬；扁豆；拿坡里肉醬；利科塔乳酪和番茄；櫛瓜沙拉；檸檬皮絲與松子；生番茄；紅椒威士忌醬

螺旋麵（義大利文fusilii意指「紡錘」）是機器生產的粗粒麥粉麵，三股螺旋的造型很像拉長的螺旋槳或風扇葉。麵身約3公分長，由多達四片的薄麵皮相互纏繞而成，夾縫可以留住醬汁。形狀相似的麵款還有rotini（螺旋較密，更能盛住醬汁）和eliche（螺圈較寬鬆，口感較輕盈）。這樣的設計不僅可以盛住醬汁，看起來也賞心悅目，而且口感一級棒。

FUSILLI FATTI A MANO
手工螺旋麵

對味的烹調

蘿蔔菜；蘿蔔菜和香腸；綠橄欖
茄汁醬；熱那亞青醬；特拉潘尼
青醬；風月醬；拿坡里肉醬；香
腸肉醬；香腸、番紅花茄汁醬；綜
合堅果（secchio della munnezza）；
墨魚茄汁醬；鮪魚肚茄汁醬；葡
萄醋（vincotto）

這又是一個會讓人搞混的詞。這款手工的螺旋麵意指
兩種麵，一是精巧的中空螺旋麵，外觀很像電話線圈
（又叫蘆稈麵，見40頁）；另一個是粗大些、和特飛麵
（頁274）相近，如同螺絲釘一樣有實心軸的螺旋麵。

這種手工麵很容易做，取一份粗粒麥粉麵團（頁
10），揉成香菸一般粗細的長條，切4公分小段。在木
製的或大理石的案板上，用大拇指下端、掌心緣的肉
球壓住小麵條的一端，大拇指和小麵條成45度夾角。
接下來，一個動作就完成了：手使點兒勁，連壓帶搓
地往身體的方向移動，此時麵條會沿大拇指外緣自行
圈捲起來，形成緊密厚實的螺圈狀。

螺旋麵和特飛麵只有一線之隔，差別是手工的螺
旋麵體型較大，螺圈較寬鬆，很適合搭配濃嗆而肉料
多的青醬或茄汁醬，因為螺圈裡的溝槽會攔截這兩款
醬料。

FUSILLI AL VINCOTTO
螺旋麵佐葡萄醋

四人份前菜或二人份主菜

200克螺旋麵
3大匙葡萄醋
4大匙特級初榨橄欖油
1/2瓣大蒜，壓碎
4大匙烤到恰到好處的麵包屑
佩科里諾羅馬諾乳酪屑

適合這道醬料的麵款
fusilli fatti a mano

葡萄醋（vincotto），又叫mosto cotto或saba，是濃縮
葡萄液，等於南義的巴薩米克醋。在這裡我們用它來
做醬，做一道再簡單不過的淋醬。

將螺旋麵放到滾水裡煮，煮到你偏愛的彈牙程
度——這些麵不會再放進鍋裡煮。麵煮好後，拌入由
葡萄醋、橄欖油和大蒜混合而成的淋醬，加鹽和胡椒
調味。盛盤後灑一點麵包屑和乳酪屑即可享用。

FUSILLI 'GREEK SALAD'
希臘沙拉式涼拌螺旋麵

四人份前菜或二人份主菜

200克螺旋麵
125克小黃瓜，切丁（5毫米）
1顆小的紅椒，去籽，切小丁
100克櫻桃番茄，每顆切8等份
12顆希臘卡拉馬塔黑橄欖、去
　核、切4等分
5大匙特級初榨橄欖油
2小匙奧瑞岡香菜末

適合這道醬料的麵款
fusilli bucati、gemelli

很多人吃膩了由螺旋麵、紅椒、櫛瓜和玉米做成的野餐沙拉。不過這一道（將經典的希臘沙拉改頭換面）迥然不同，最起碼它很可口。就像其他的麵食沙拉一樣，這道菜絕不能送進冰箱冰，而是在室溫下享用。

　　煮麵前先做沙拉：將除了奧瑞岡香菜之外的食材全數混合均勻，加足夠的鹽和胡椒調味，置一旁利用煮麵的空檔讓混汁浸潤食料。麵下滾水煮熟（煮到比做成熱食時稍軟些，因為麵冷卻後會稍稍變硬），瀝出，接著用冷水沖涼，然後再瀝乾。最後連同奧瑞岡香菜一起拌入沙拉裡。拌勻後立即享用，或者在室溫下放一會兒，等麵入味了再吃。

FUSILLI BUCATI
彈簧麵

大小
長版彈簧麵（Fusilli bucati lunghi）
長：120毫米
直徑：3.5毫米

短版彈簧麵（Fusilli bucati corti）
長：40毫米
寬：10.5毫米

同義字
busiata、maccaruna di casa、
pirciati、filato cu lu pirtuso，潘特
列拉島（Pantelleria）的busiati
ribusiati

對味的烹調
蘿蔔菜；蒜味醬；希臘沙拉涼
麵；熱那亞青醬；特拉潘尼青
醬；豬肉豬皮醬；拿坡里肉醬

有些義大利麵的古名會把人搞糊塗，因為年代一久，若不是好幾種麵食都叫同一個名稱，就是某個名稱的麵已經演變成好幾種不同類別的麵食。一些現代才有的麵款，情況則是倒過來，譬如這裡要談的，一個嶄新而通俗的名稱，統括了好幾種形狀的麵。彈簧麵即是一例：

¶ 它可能是細長的中空螺旋管狀，像圈捲起來的吸管麵（頁34），或像表面平滑的螺絲管麵（頁68），但細長得多；這類的麵叫做長版彈簧麵。

¶ 它可能是比上述的麵更短的版本，也就是說，表面平滑而更細的螺絲管麵，或短版的螺旋狀吸管麵；這一類叫做短版彈簧麵。

¶ 它也可能像一般的螺旋麵，但是呈雙螺旋造型而非管狀，而且螺旋翼是扁的。你可以稱它是麻花形彈簧麵（fusilli bucati gemellati，呈空心的雙股梭形），不過這就和上面的兩個名稱一樣，是為了細分而特地取的——無論是哪一種，你會發現包裝盒上很可能都寫著「彈簧麵」。

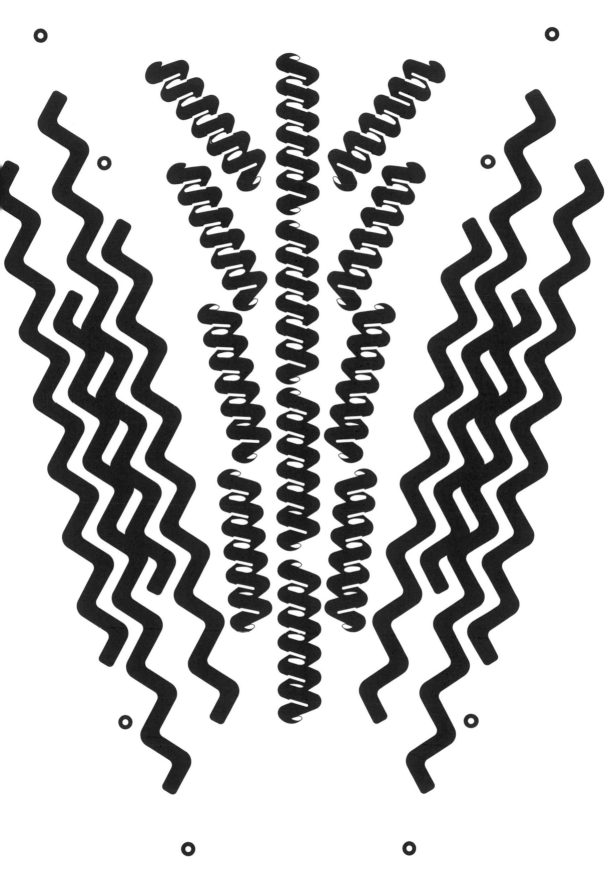

GARGANELLI
溝紋管麵

大小
長：65毫米
寬：14毫米

同義字
maccheroni al pettine（馬仕地區），fischioni 'paglia e fieno'（「麥稈和乾草」），烹飪用語，意指綠白相間的麵食

對味的亨調
朝鮮薊、蠶豆和豌豆；燉培根豌豆；雞肉李子醬；芝麻菜、番茄和洋蔥；干貝百里香；紫莙苣、煙燻火腿與梵締娜乳酪

這種薄而表面有溝紋的管麵，很像雞脖子下端常讓人叫不出名字的管狀物——食管，艾米利亞－羅馬涅一帶叫做garganel，這也就是這款麵garganelli名稱的由來。其製作方法是取一片雞蛋麵團擀出來的小麵片（約4公分見方），用一根木棒斜角地把麵片圈捲起來，然後在編織梳或有條紋的籃簍上撖一下，撖出麵管上的招牌溝紋。傳說從前拉文納城（Ravenna，這款麵的發源地）附近有個窮婦人，有天要做小餛飩（頁262），擀好麵皮，切成方片後，卻赫然發現她的貓把餡料給吃光了。眼見客人都已經上門，她靈機一動，取來羅馬涅一帶每個家庭主婦都有的織布梳，將麵片往上一放，撖壓出紋路。而今溝紋管麵不再是意外做出來的。在從前，這款麵傳統上會放進閹雞熬的濃郁高湯裡煮，做成湯麵（頁46），現在多半是拌醬吃（做成「乾」麵，而不是湯麵），拌上火腿豌豆奶醬更是經典。

GARGANELLI, CONIGLIO E ASPARAGI
溝紋管麵佐蘆筍兔肉醬

六人份前菜或三人份主菜

250克乾的溝紋管麵或320克新
　　鮮的麵
1/2隻飼養的兔子，或一整隻野兔
　　（連內臟約700克）
2片西芹
1根大型胡蘿蔔，切對半
1顆中型洋蔥，切對半
75克牛油
2大匙特級初榨橄欖油
10顆杜松子
20顆黑胡椒粒
2瓣大蒜，壓碎但維持一整瓣
2片月桂葉
3支百里香或奧瑞岡香菜
125毫升白酒
500克雞高湯（或水）
1把綠蘆筍（300克）
帕瑪森乳酪屑適量

適合這道醬料的麵款

cavatappi、dischi volanti、farfalle
tonde、fettuccine、pappardelle、
pici、radiatori、spaccatelle、
strozzapreti、tagliatelle

飼養的兔子味道較溫潤，較適合做這道菜。

　　將兔肉去骨，留下敢吃的內臟（我會用肝、肺、腰子和心臟）。肉和內臟切成2公分丁塊，腰子和心臟切四等分。處理好後，你應該有大約400克的兔肉和300克骨頭。把骨頭剁成約十二塊。

　　將西芹、胡蘿蔔（削了皮）和洋蔥分成兩份。一份切大塊，另一份切小丁（5毫米大小）。

　　用一口中型煎鍋開中火把25克牛油和橄欖油加熱，然後把骨頭倒進煎鍋裡烙煎，煎到焦黃（15分鐘），加入切大塊的西芹、胡蘿蔔和洋蔥，拌炒5分多鐘，加香料（杜松子、黑胡椒、大蒜和辛香草）炒1分鐘，之後注入白酒，好溶解鍋底的脆渣。等酒精蒸發完，倒入高湯，煮開後轉小火，保持微滾，煮約1小時，直到汁液濃縮成微稠狀。用細篩網過篩汁液，不用撇去浮油，篩完後你應該有200毫升的濃郁高湯。

　　將蘆筍放入待會兒要用來煮麵的滾水裡（除非蘆筍有泥污，否則直接把橡皮圈捆起來的整把蘆筍放進鍋裡煮），汆燙1分鐘，或煮到熟但仍保有清脆口感。撈起後放進冰水裡冰鎮。涼了後取出瀝乾，拿掉橡皮圈，切成2至3公分小段，丟棄硬梗部分。

　　取一口寬大煎鍋，以剩餘的牛油用大火烙煎兔肉和蔬菜丁（先用鹽和胡椒調味）10分鐘，把菜丁煎軟，肉煎到稍稍焦黃，轉中小火。這時麵下滾水煮。

　　在麵差兩分鐘就要煮好時（記得一定要在比你想要的彈牙程度還韌時就撈出瀝乾），將蘆筍加到煎鍋裡和肉一起煮1分鐘，接著倒入濃縮高湯，整鍋鍋料很快就會煮開。煮開後讓它滾1分鐘（如果太乾的話澆一些煮麵水），然後將瀝乾的麵放進去，續煮到濃稠的汁液均勻裹著麵，而麵的軟硬度也剛好。起鍋盛盤，灑下帕瑪森乳酪屑，上菜。

GARGANELLI CON PROSCIUTTO COTTO, PANNA E PISELLI
溝紋管麵佐火腿豌豆奶醬

四人份前菜或二人份主菜

200克乾的溝紋管麵（或260克
　新鮮的麵）
200克新鮮的去莢碗豆
200毫升雞高湯（依個人喜好）
25克牛油
120克熟的厚片火腿，切成管麵
　大小的肉絲
125毫升濃的鮮奶油
肉豆蔻
帕瑪森乳酪屑適量

適合這道醬料的麵款

dischi volanti、farfalle、farfalle
tonde、fettuccine、gnocchi
shells、maccheroni alla chitarra、
strozzapreti、tagliatelle

熟火腿（prosciutto cotto）在北義地區是很普遍的食材，儘管我們總以為它是北歐／北美才有。在這道食譜裡，它和甘甜的夏季豌豆以及鮮奶油搭配起來非常對味。你可以用任一種熟火腿來做，但是煙燻的味道最棒。

豌豆可以煮到軟之後瀝乾即成，這麼一來，你就用不著高湯。但是豌豆用煨的更能釋放甜味，也會更軟嫩。如果要用煨的，取一口小的煎鍋，將豌豆和高湯倒進去，鍋緣用一張烘焙紙封住，再用鍋蓋蓋緊，用小火煮到豆子軟嫩——約15分鐘。接著掀開鍋蓋煮，煮到鍋裡餘下的湯汁開始變稠——如此熬出來的甘甜湯汁，正是醬汁香濃的祕訣。

麵差幾分鐘就要煮好時，用另一口煎鍋加熱牛油，等牛油冒泡，即下火腿絲，炒1分鐘，然後倒入鮮奶油和煮好的豌豆。加肉豆蔻、鹽和胡椒調味，繼續煮到汁液開始變稠。此時，撈出麵瀝乾，加進鍋裡，煮到麵均勻沾裹著濃稠的奶醬，要是醬汁太稠，加一點煮麵水進去。盛盤後灑下帕瑪森乳酪屑，即可享用。

GEMELLI
麻花麵

大小
長：42毫米
寬：7毫米

對味的烹調
辣味茄汁醬；燉培根和豌豆；雞肉李子醬；香蒜橄欖油（aglio e olio）；希臘涼麵沙拉；諾瑪醬、特拉潘尼青醬；豬肉豬皮醬；櫛瓜沙拉、茄汁醬

麻花麵的義大利文gemelli是「雙股」的意思，和螺旋麵（頁104）屬同一掛，呈現另一種繁複的螺旋形。這款麵是由兩股麵條交纏絞繞，合成密實的管狀——有點像雙槽麵（頁66）被絞扭之後的模樣。這是麵食工藝登峰造極的例證，如同所有的完美建築一樣。它不僅受大人青睞，小孩子尤其愛吃麻花麵這一類形狀扭捲的麵。

GEMELLI AL FAGIOLINI
麻花麵佐四季豆

四人份前菜或二人份主菜

150克麻花麵
300克四季豆
100毫升濃的鮮奶油
比1/2小匙略少的肉桂粉
1/2瓣大蒜

適合這道醬料的麵款

busiati、campelle/gigli、
cavatappi、cavatalli、fusilli、fusilli
bucati、maccheroni inferrati、
torchio、torfie

這道醬料之前介紹過,但我打破傳統,加進了肉桂粉。摩洛餐廳的料理達人山姆和莎曼珊·克拉克,推薦我四季豆加肉桂這美妙的組合,稱這兩者是「天生絕配」。他倆用胡桃肉桂塔拉托醬(tarator)佐四季豆。下面的食譜加胡桃也很棒,但這裡是沒加胡桃的版本。

去四季豆的蒂頭,留下好口感的尾端。將三分之二的量放入鹽水裡煮到全熟(口感不再脆脆的,但仍沒煮過頭)。撈出瀝乾,趁熱和鮮奶油、肉桂和大蒜一同放入調理機裡攪成液狀,加鹽和胡椒調味。

麻花麵下滾水煮。等麵差4分鐘就會煮好時,把剩下的三分之一的豆子(切半以配合麻花麵的長度)放入鍋裡。麵煮到再一下下就會恰到好處時,撈起麵和四季豆放入煎鍋,和四季豆奶醬一起拌煮,並澆一些煮麵水進去,煮到麵彈牙而且均勻地裹著醬汁即可起鍋。享用前可以灑一點葛拉納乳酪屑(帕瑪森乳酪一類的),也可以淋一些特級初榨橄欖油。若想美妙地添上摩洛料理的風味,可再灑下烤過的胡桃碎粒。

GNOCCHI
麵疙瘩

大小
長：15毫米
寬：10毫米
高：7毫米

同義字
topini（「小鳥」或「灰沙燕」之意）

對味的烹調
焗烤；燉培根和豌豆；牛尾醬；
熱那亞青醬；紫萵苣、煙燻培根
和梵締娜乳酪；茄汁醬

麵疙瘩說穿了就是小湯圓，通常是馬鈴薯做的，煮熟後拌醬吃。麵疙瘩的義大利文gnocchi有一說是從gnocco（蠢蛋）一字演變來的，不過更可信的說法是從樹的nodo（節瘤）這個字來的。這和古老傳說有關。話說從前有個窮婦人，因為家裡沒有糧食可以煮給剛從戰場上歸來的丈夫吃而哭泣。一棵好心的老樹聽見她哭，於是叫她把樹幹上的節瘤砍下來煮給丈夫吃。她照辦了。等她把鍋蓋掀開，發現原本在鍋裡煮的節瘤竟變成了鬆軟的麵疙瘩。

把柔軟的馬鈴薯麵團揉成香腸的形狀後切成小塊就是麵疙瘩。不過你還可以再做一點變化：

¶ 用大拇指在麵丸上壓個酒窩似的小凹陷，這樣不僅表面變得平滑，凹陷還可以盛一小盅醬汁。
¶ 做同樣的動作，但這回用叉子齒尖的背面按壓，壓出類似的凹陷，但表面有溝槽，可以盛住更多的醬汁。

這個過程，安迪・賈西亞和蘇菲亞・柯波拉在《教父》第三集有著相當撩人而到位的示範。很值得你在家練習——麵疙瘩說不定是最容易做的麵食，既不花時間，而且美味無比，比起工廠製盒裝的、封面同樣冠上麵疙瘩的那些無味又簡直像彈力球的東西好吃多了。

MAKING POTATO GNOCCHI
馬鈴薯麵疙瘩的作法

四人份前菜或二人份主菜

大約400克（1顆非常大的）口
　感粉鬆的馬鈴薯—— Maris
　Piper品種或King Edwards品種
1顆大型雞蛋
50克中筋麵粉
肉豆蔻粉少許

這種小湯圓可是很多人的最愛。市售的因為必須禁得起包裝、運送、在超市盤點的折騰，所以都做得比較硬質而彈韌。這裡的作法，成品相形之下則精巧蓬鬆多了。

馬鈴薯連皮放入鹽水裡煮。熟透之後（可以用串叉或牙籤測試熟了沒），撈出瀝乾，置一旁降溫。等到它不燙手時，再用手剝掉皮，放進搗碎器裡搗碎。

取300克搗碎的馬鈴薯，趁碎泥溫度稍降但依然溫熱，拌入雞蛋、麵粉和肉豆蔻粉。

把混料拌勻，但盡量降低攪拌的次數，否則質地會變得太韌。取一小坨，在灑滿麵粉的案板上揉，揉好後切一小塊，放到滾水裡煮，確認一下它耐得了滾水煮，不會潰散。

接下來要替麵疙瘩塑形：在灑滿麵粉的案板上，揉出如手指（至於是大拇指、食指或小指，則悉聽尊便）般粗細的麵腸子。用餐刀把麵腸子切小球，長寬一致。刀鋒碰到案板時稍微撇一下，切下來的小麵球就會和麵腸子分開，方便你切下一球。

輕輕地拿起這些小麵球，放進煮開的鹽水裡，煮約2分鐘即可（從它們浮在水面上躍動算起）。

煮好後，你可以馬上趁熱吃，或平鋪在抹了油的盤子上放涼，等要吃時再重新熱過，或直接佐醬吃。

GNOCCHI CON GORGONZOLA
麵疙瘩佐拱佐洛拉藍紋乳酪

四人份前菜或二人份主菜

400克（1份）馬鈴薯麵疙瘩
100克鮮奶油
200克拱佐洛拉藍紋乳酪
肉豆蔻
1把稍微烤過的胡桃（依個人喜好
　而加）

適合這道醬料的麵款
chifferi rigati

麵疙瘩下鍋煮，不需久煮，就像這醬汁也是三兩下很快可以搞定。

　　將鮮奶油和拱佐洛拉藍紋乳酪（去皮，掰碎）一同加熱，用湯匙攪拌，直到兩者融合在一起。加肉豆蔻和黑胡椒調味，嚐嚐鹹淡，看需不需要加鹽，但很可能不需要。將麵疙瘩瀝出，放進醬料裡，同時舀一些煮麵水進去，煮到醬汁均勻裹著麵疙瘩即起鍋。

　　加不加胡桃碎粒都好吃。

HALÁSZLÉ
麵疙瘩佐匈牙利魚湯

四人份

2罐185克的蔬菜油漬鮪魚（不是
　橄欖油漬的）
2顆中型洋蔥，切碎
4瓣大蒜，切碎
2大匙濃縮番茄糊
50克上好的匈牙利紅椒
　（különleges品種或édesnemes
　品種）混以辣紅椒（erös品種）
紅辣椒（cayenne）或辣椒
　（chilli）末
1把綜合辛香草束（至少要有百里
　香和月桂葉，可以的話再加西
　芹和荷蘭芹）
1.7公升蔬菜高湯或魚高湯，熱的
3顆中型口感結實的馬鈴薯，切
　小塊或1公分見方小丁
500克去皮的鱈魚片，剔魚刺，
　切成3公分小塊

諾可利

3顆蛋
150克中筋麵粉

適合這道魚湯的麵款

campanelle/gigli、chifferi rigati、
dischi volanti、gomiti、penne、
pennini rigati（溝紋翎管麵）、
torchio

這道食譜來自我父親大衛‧甘迺迪。我倆對這道童年最愛喝的湯，都記憶深刻。我們家的作法改編自傳統的匈牙利湯品（字首hal是「魚」的意思）。在匈牙利這個內陸國，要做這道湯，先得買到一條充滿魚卵的活鯉魚。我在這裡用的是鱈魚，並且加了罐頭鮪魚讓湯頭更濃郁。諾可利（nockerli，匈牙利式麵疙瘩）是用像做德國手工埕麵（spätzle）的麵漿做的，由於形狀不規則，我總叫它「鼻涕球」。如果你想免去做諾可利的麻煩，也可以用飛碟麵（頁86）或百合麵（頁42）這類的乾麵代替，直接把麵下到高湯裡煮，在麵快煮好的前幾分鐘下鱈魚即可。這道料多味鮮的湯吃起來很有飽足感，本身可以當正餐。

　　將兩罐鮪魚罐頭的油濾出，倒入大小合適的煎鍋內（鮪魚置旁備用），放入洋蔥和一小撮鹽，用小火炒10分鐘。接著加大蒜，續炒5分多鐘。等炒軟呈金黃色時，下番茄糊、紅椒、辣椒和綜合辛香草束。記得一點，味道不夠辣可以再加，但加多了可就沒得救了，所以一開頭辣椒別放多。倒一些高湯到鍋裡，讓辣混料變成糊狀，然後慢慢地邊熬邊攪拌。加鹽調味，隨後放入馬鈴薯，煨煮到熟透，約10至15分鐘。

　　接下來做諾可利：另取一口鍋子把鹽水煮開。將雞蛋和麵粉打成勻稠的麵漿——要費點勁兒才能把結塊的麵粉打散。把適量的（約三分之一）麵漿舀到木製或陶瓷砧板上——麵漿會稍微淌開來，但不至於流淌到砧板外。接著手持扁刀把這黏呼呼的麵漿一小段小一段削入滾水裡（最理想的作法是，讓麵漿結成15公分寬的長條後，每隔10至15毫米切小段，再一一削入滾水裡）。將一砧板的麵漿削入滾水煮，等它們浮到水面時，再多滾個1分鐘，讓它們爭先恐後地往上冒即可。撈出瀝乾，放到碗裡，上頭蓋一層布保溫，

然後再著手做下一批。

　　如果一切進行得井然有序，馬鈴薯煨好時，諾可利也該煮好了。最後一批諾可利就快大功告成時，將鮪魚（切碎）和鱈魚放到湯裡短暫地煮3至4分鐘。等最後一批諾可利好了，連同先前煮好的一併放入湯裡，隨即起鍋盛盤，配上溫熱的鄉村麵包和牛油。

GNOCCHI IN RAGÙ DI SALSICCIA
麵疙瘩佐香腸肉醬

四人份前菜或兩人份主菜

800克（2份）馬鈴薯麵疙瘩

香腸肉醬
400克義式香腸（可能的話，用
　微辣的茴香籽風味香腸）
4大匙特級初榨橄欖油
3瓣大蒜，切片
1/2小匙乾辣椒碎末
600克罐頭番茄，切碎
1中匙新鮮迷迭香末

適合這道醬料的麵款
bigoli、casarecce、fusilli fatti a
mano、gnudi、lumache、orzo、
radiatori、spaghetti、tortiglioni

這道食譜很難再減半，但要加倍不成問題，醬汁放冷藏或冷凍都可以。

　　用1大匙的油煎香腸──可以用煎鍋煎，也可以放進烤爐裡烤；不需煎到全熟，只要稍微上色即可。好了之後切2公分小段，鍋裡的油汁留著備用。

　　取一只小煎鍋，用剩餘的油煎大蒜，煎到金黃但一點兒也不焦。接著先放辣椒，然後加番茄、香腸塊和它的油汁，在爐子上或送入烤爐裡慢煨50分鐘，煨到香濃。離火後灑上迷迭香末即成。

GNOCCHI SHELLS
海螺麵疙瘩

大小
長：30毫米
寬：17毫米

同義字
gnocchetti

對味的烹調
焗烤；青花菜、鯷魚奶醬；火
腿、豌豆奶醬；利科塔乳酪茄汁
醬；煙燻鮭魚蘆筍奶醬；茄汁
醬；紫萵苣、煙燻培根和梵締娜
乳酪

這種用粗粒麥粉以機器製成的麵，外形很像現做的手
工麵疙瘩（頁116），也因此而得名。它的形狀有如海
螺（和頁76的貝殼麵是一掛的），體型圓滾滾的像溢
出一圈圈的肥肉，肯定是米其林寶寶做出來的麵食。
很適合做成焗烤（見焗烤筆尖麵，頁196），拌醬吃也
很棒。

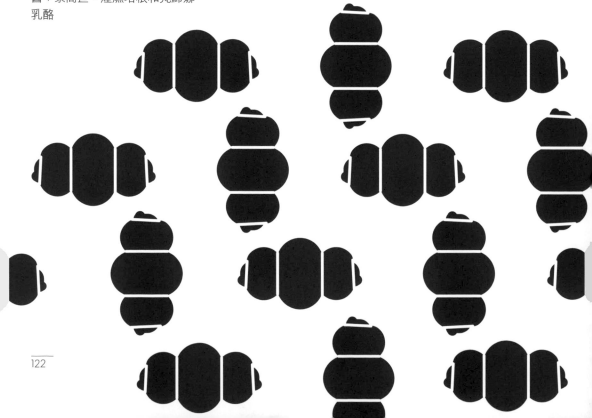

海螺麵疙瘩佐燉培根豌豆

四人份前菜或二人份主菜

200克海螺麵疙瘩
250克甜味五花醃肉（厚片）
500克上好的雞腿高湯
125克濃的鮮奶油
30克牛油
200克冷凍豌豆，或汆燙過的新
　鮮豌豆
2大匙平葉荷蘭芹末
帕瑪森乳酪屑適量

適合這道醬料的麵款

casarecce、cavatappi、chifferi
rigati、conchiglie、dischi volanti、
farfalle、farfalle tonde、
fettuccine、fusilli、garganelli、
gemelli、gnocchi、gomiti、
linguine、bavette、lumache、
radiatori、strozzapreti、
tagliatelle、torchio

這道菜或許可說是西式的火腿豌豆奶醬（頁113），滋味更甘甜，更讓人回味。這口味和義式的正宗原味可能差很多，但話說回來，海螺「麵疙瘩」和真正的始祖不也大異其趣。

　　首先燉五花醃肉。將醃肉切成1公分寬的肉條，取一口容量夠大的耐熱烤皿，放入所有肉條，注入雞高湯，湯面的高度正好蓋過肉條，把烤皿送入預熱過（風扇式烤爐攝氏200度，傳統式220度）的烤爐內，煨二、三個小時。其間每半小時攪拌一次，煨到汁液變稠、油脂多過湯汁、甘潤油腴得讓人口水直流，又不免為健康憂心的地步。這道菜一煨就要煨上好幾個小時，非常耗電，所以不妨趁你要烘烤別道料理時順便煨這道菜。煨好的肉可以保存在冰箱裡起碼一個禮拜。

　　海螺麵疙瘩需要久煮，所以先把麵疙瘩下到滾水裡，再著手製作其餘的醬料。等麵差5分鐘就會煮好時，將加了牛油和豌豆的鮮奶油煮5分鐘，煮到豌豆軟嫩、奶醬變得微稠而香甜。這時放入培根（油汁也一概倒進去），加荷蘭芹末，並且灑大量的胡椒和一點鹽調味。把口感仍稍韌的麵疙瘩瀝出，拌入奶醬裡繼續用火煮一會兒。你可能必須再煮個1分多鐘，因為麵疙瘩表層的溝槽往往夾帶一些水，會稍微稀釋醬汁，所以醬汁需要再濃縮一下。

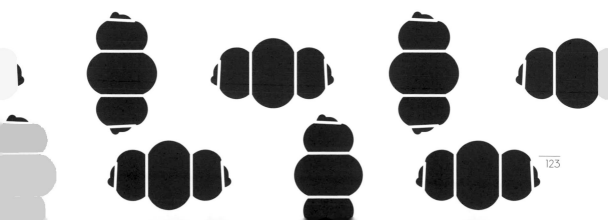

GNUDI AND MALFATTI
努迪元宵和馬法提元宵

大小
努迪：直徑20毫米
馬法提：直徑40毫米

同義字
ravioli nudi

對味的烹調
香腸肉醬；野豬肉醬

這說來是兩款不同的麵點。「努迪」（gnudi）較小，直徑約2公分，呈完美的球形，是用比較堅實的麵團製作，容易塑形。「馬法提」（malfatti）顧名思義，形狀較不規則，因為是用較軟的麵團做的，不容易塑形，體型也較大，直徑3至4公分。

兩者都是形狀簡單的義式元宵，材料通常少不了利科塔乳酪、雞蛋、麵粉和麵包屑。它們可說是方餃（頁208）的前身，是去掉邊邊角角的方餃；而包餡餃類是古早就有的元宵在麵食不斷推陳出新下的產物。早期的元宵用的是絞肉餡，在文藝復興時期的義大利是很受歡迎的前菜。現代版的元宵，義大利境內各地都看得到（「努迪」在托斯卡尼尤其常見，「馬法提」則常見於倫巴第），在利科塔乳酪盛產的春天吃來格外美味。

RICOTTA GNUDI
利科塔乳酪努迪元宵

四人份前菜或二人份主菜

250克羊奶利科塔乳酪
50克佩科里諾羅馬諾乳酪（或帕
　瑪森乳酪），額外多備一些
1顆蛋
40克麵包屑
肉豆蔻
沾裏用的中筋麵粉

佐羔羊肉醬的這道麵食，是參考賽門‧霍普金森（Simon Hopkinson）的食譜。這裡的作法肯定比不上他的，但是我們在「狼口餐廳」（Bocca di Lupo）是這麼烹煮這可愛的義式元宵。它的義大利文gnudi名副其實——的確是一絲不掛，就像一球球方餃的餡，外頭什麼也沒包。

要是利科塔乳酪看起來濕濕的，可以把它放在篩網裡一會兒，讓它瀝出水來。將所有材料混合均勻並且調味，靜置半小時，好讓麵包屑使混合物變稠。之後，取一小塊滾上麵粉搓出一小球，測試它紮不紮實（放入滾水裡能保持原狀而不潰散），成功之後，再用敷著厚厚一層麵粉的手搓出20至30顆小元宵，搓好的大小約如一粒大彈珠。沾裏的麵粉要多，如此元宵下水煮的時候可以形成一層保護的外皮。

搓好後放入鹽水裡煮，等它們全都冒出水面後，再煮個2分多鐘，煮好後馬上享用。如果你想免去吃晚餐前還要搓元宵的麻煩，可以事先搓好並且煮熟，鋪在塗滿了油的托盤內，吃之前再下到煮開的鹹水裡熱過即可。

GNUDI AL RAGÙ D'AGNELLO
努迪元宵佐羔羊肉醬

**四人份前菜或二人份主菜
製作約1公斤的羔羊肉醬**

1根胡蘿蔔,切碎
1顆洋蔥,切碎
1或2片的西芹,切碎
2瓣大蒜,切片
1片月桂葉
100毫升特級初榨橄欖油
500克烤的、燉的、紅燒的羔羊
　肉剩菜,切丁
羔羊肉汁,太稀的話濃縮一下
500克罐頭番茄碎粒
1大匙新鮮迷迭香末

1份利科塔乳酪努迪元宵
250克羔羊肉醬
佩科里諾羅馬諾乳酪屑適量

適合這道醬料的麵款
campanelle/gigli、maccheroni alla
chitarra、orecchiette、pici、
torchio

可以依據你手邊有的肉量多寡來加倍或減少所列食材的量。要是你特地為了做這道肉醬而煮羔羊肉,最好選用肩胛部位,把肉浸在加了迷迭香和杜松子的大量白酒裡慢慢煨烤。大塊的肩胛肉可以做成約1.5公斤的熟肉,也就是說這份食譜的三倍量(大約1公升,足夠八人份)。

　　起油鍋,用中火拌炒蔬菜、大蒜和月桂葉,灑一大撮鹽下去,好讓菜料出水,拌炒10至15分鐘,直到菜料透明軟爛。接著加入羔羊肉、肉汁和番茄碎粒,煨1個鐘頭,煨到汁液變稠,油浮到表面。鍋子離火,拌入迷迭香末,並且用鹽和胡椒調味。

　　盛盤時記得先把羔羊肉醬鋪在盤底,再把剛煮好或重新熱過的努迪元宵置於其上,最後灑下大量的佩科里諾羅馬諾乳酪屑——羊奶乳酪做的元宵配上羔羊肉醬再加上羊奶乳酪屑,這道菜可真是羊味十足呀!

MALFATTI
馬法提元宵

三至四人份主菜

250克新鮮的菠菜
250克利科塔乳酪（羊奶或綜合
　羊牛奶的為佳）
50克帕瑪森乳酪屑
1顆大型雞蛋
40克中筋麵粉，額外多準備一些
　沾裹用
肉豆蔻粉少許

這道奇形怪狀的綠色元宵是我和父親的另一個最愛。到底該怎麼稱呼它才對，真有點會把人搞糊塗——有人堅稱，這才是真正的「努迪」，而「馬法提」屬於包餡的麵食，和大餛飩（頁266）或歪歪斜斜的扁麵片（又叫零角麵，頁166）是一掛的。我們仔細斟酌後認為，「馬法提」自成一格，其作法如下。

　　將菠菜放到鹽水裡煮軟，撈出後用冷水沖涼，然後用手盡量把它擰乾。接著把菜剁碎（你可以放到攪汁機裡攪成泥，好讓元宵呈均勻的綠色，也可以用刀子剁碎，讓元宵有綠斑點點）。加入利科塔乳酪和其他材料，混攪均勻，揉成非常柔軟的餡團。加鹽和胡椒調味，別下得太重——它的味道很細緻，淡淡的鹹味即可。

　　捏一小團在大量的麵粉裡滾出高爾夫球大小的麵團，滾得愈圓愈好。因為它非常的軟，你不太可能塑出漂亮的圓球形，這也是它們之所以叫malfatti（「不規則形狀」）的原因。

　　將一鍋鹽水煮開（用先前煮菠菜的那鍋水也行，如果你沒倒掉的話），放進一球煮煮看，看它會不會潰散。成功的話，將其餘的餡團滾出一打的元宵；如果失敗，再多用一點麵粉試試看。

　　從元宵浮出水面算起，微滾10至15分鐘。如果你喜歡咬下去會爆漿的話，就早點撈出來。

以下是兩款和馬法提最速配的醬料

BURRO E SALVIA
鼠尾草奶醬

用150克牛油煎24片鼠尾草葉，煎到葉片焦脆，牛油
飄出核果味。接著連油帶葉地直接淋在馬法提上，灑
下大量的帕瑪森乳酪屑，上菜。

AL POMODORO
茄汁醬

將300毫升淡味茄汁醬（頁15）或200毫升口味適中的
茄汁醬（頁15）加熱，舀到溫熱的盤內，再把馬法提
置於其上，最後灑上帕瑪森乳酪屑或佩科里諾乳酪
屑，即可上桌。

GOMITI
拐子麵

大小

長：33毫米

寬：20毫米

直徑：12.5毫米

同義字

elbow macaroni

對味的烹調

燉培根豌豆；雞肉李子醬；法蘭克福香腸和梵締娜乳酪；匈牙利魚湯；風月醬；利科塔乳酪茄汁醬；紫萵苣、煙燻培根和梵締娜乳酪

義大利文gomiti的意思是「手肘」或「曲軸」。至於發明這款麵的靈感是來自人身部位或是機器零件，已不可考；不管如何，這款呈弧形、有溝紋的管麵很好用，既像杯子也像管子，最適合用來盛住有大塊料、口味濃厚的油腴醬汁。

GOMITI CON SCAMPI E ZAFFERANO
拐子麵佐小螯蝦番紅花醬

四人份前菜或二人份主菜

200克拐子麵
16條小型的生鮮小螯蝦（600克）
80克牛油
1片月桂葉
125毫升白酒
一小撮番紅花（約30根花絲）
一大匙平葉荷蘭芹末（依個人喜好而加）

適合這道醬料的麵款

conchiglie、dischi volanti、
fettuccine、maltagliati、
pappardelle、tagliatelle、trenette

小螯蝦煮熟後會捲曲起來，和拐子麵有幾分神似，兩相輝映很有意思。有縐褶、呈一節一節的拉花麵（festoni），和小螯蝦在外觀上更是如出一轍，但這款麵現今不容易找得到，所以我沒把它納入書裡介紹。佐小螯蝦很對味的另一款麵是味道濃郁些的雞蛋麵。

這份食譜我用小型的小螯蝦，它較便宜也更鮮甜。它體型小用量會多些，拌進麵裡每口都吃得到。

假使小螯蝦是活的（最好是買活的），用刀子把它的頭部剖成兩半，送它上西天，尾部則保留原狀。之後馬上放到滾水裡燙，燙個3秒鐘就好（這樣一來，肉還是生的，而且比較容易去殼），接著放入冰水裡。隨後剝去蝦殼，留下尾鰭，這樣擺盤比較好看，剝掉的殼也要留下來。要是你運氣好（蝦子很不幸地產量過多），說不定會有幾隻是抱卵的母蝦。剝下蝦卵，放入蝦肉裡，兩者煮出來的醬料會更濃郁。

在小煎鍋裡用一半份量的牛油加月桂葉煎蝦殼，用一端粗鈍的重器（擀麵棍）把殼壓碎。煎到蝦殼開始焦黃，飄出聞起來絕對錯不了的網烤海鮮味，即倒入白酒和水（150-200毫升），讓酒和水剛剛好淹過蝦殼。用強火力煮10分鐘。

把麵下到另一鍋的滾水裡煮。

將酒汁濾出，把小煎鍋抹乾淨，再放回爐頭上，倒入濾過的酒汁，外加番紅花絲和剩下的牛油，讓汁液收乾到有點變濃，但一點也不稠，也沒有熬過頭的魚高湯的味道（常見的罪過）。加鹽和少許胡椒調味，這時我會用白胡椒。

麵這會兒也快好了。將蝦子放進醬汁裡，微微地燙約1分鐘。將麵瀝出（一樣稍微有點硬），加進醬料裡，和醬料一同煮，煮到醬汁裹著麵身，而麵也煮到你要的口感。喜歡的話灑下荷蘭芹末，起鍋盛盤。

GOMITI CON VENTRESCA
拐子麵佐鮪魚肚鹹味利科塔乳酪

四人份前菜或二人份主菜

200克拐子麵
2瓣大蒜，切片
4大匙特級初榨橄欖油
2大匙鹽漬酸豆
300克新鮮番茄，切碎
200克罐頭鮪魚肚
2大匙羅勒末或荷蘭芹末
大量粗磨的鹹味利科塔乳酪碎末

適合這道醬料的麵款

bucatini、busiati、conchiglie、
fusilli fatti a mano、linguine、
bavette、maccheroni alla
chitarra、maccheroni inferrati、
malloreddus、penne、pennini
rigati、pici、spaghetti、torchio、
tortiglioni、trenette

取一口寬大的煎鍋，用中火爆香蒜片，煎成金黃色，接著下酸豆和番茄。

煮約10分鐘，等番茄轉趨濃暗的深紅色時，加數匙煮麵水進去，而此時另一頭在鍋裡煮的麵已煮開。將鮪魚肚剝成大塊，放進煎鍋裡加熱。

將煮到彈牙的麵瀝出，倒進醬汁裡，羅勒末和荷蘭芹末也一併放進去，拌勻起鍋。灑下大量奶香濃郁的鹹味利科塔乳酪碎末。

GRAMIGNE
草苗麵

大小
長：12毫米
寬：18.5毫米
直徑：2.8毫米

同義字
gramignoni、spaccatelle

對味的烹調
朝鮮薊、蠶豆和豌豆；蘿蔔菜和香腸；香腸、番紅花茄汁醬；香腸奶醬；茄汁醬

這款形狀像伸長的逗號，也像草苗的麵，名稱事實上就是從後者來的，義大利文gramigne的意思即「小草」。它可能是單純由粗粒麥粉和水做成的，也可能是雞蛋麵團做的，不管是哪一種，都是機器製的麵，大抵是用質地相當堅硬的麵團，耐得住機器磨碾才塑得出這小蟲子似的形狀。

草苗麵要佐鹹香的醬，通常以香腸為底料。由於形狀實在很迷你，幾乎淹沒在醬料裡，和醬汁融為一氣，所以沒法盛起醬汁。在夏天，草苗麵通常會和淡味茄汁醬一起煮，可以當熱食，也可以在室溫下放涼了吃，食用時加羅勒葉和橄欖油提味。

GRAMIGNE CON VERZA E SALSICCIA
草苗麵佐包心菜和香腸

四人份前菜或二人份主菜

200克草苗麵
200克義式香腸，去腸衣
200克包心菜，切細絲
50克牛油
一片月桂葉
150毫升雞高湯
150毫升牛奶
帕瑪森乳酪屑適量
1-2大匙的平葉荷蘭芹末（依個
　人喜好而加）

適合這道醬料的麵款

spaccatelle

取一口相當小的煎鍋，放入香腸肉、包心菜絲、牛油和月桂葉，以文火慢煎。用鍋鏟把香腸肉鏟碎，煮到包心菜絲釋出甜味，變得軟嫩而且部分焦褐──大約半小時。然後倒入高湯和牛奶，繼續以文火慢煨，煨到醬汁變稠而香濃──約20分鐘。

吃飯時間快到時，用平常的方法煮麵。麵煮到比你想要的口感稍微更彈牙時撈出，加進醬汁裡，並且舀一小勺（60毫升）的煮麵水進去。開中火，煮到醬汁裹覆著麵。

灑一些帕瑪森乳酪屑配著吃很棒。若不想這道菜看起來黃黃褐褐的色相不佳，可以加一點荷蘭芹末點綴點綴。

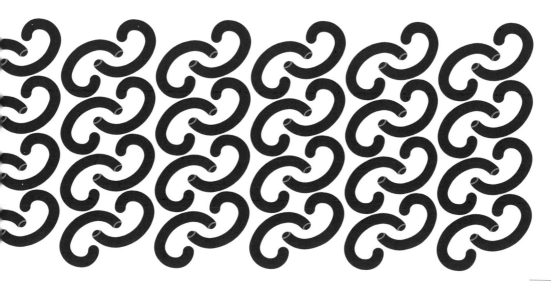

LASAGNE
千層麵

大小
長：185毫米
寬：75毫米
厚度：0.6毫米

同義字
威尼托地區稱bardele/lasagnoni，
利古里亞地區稱capellasci，薩蘭
托地區（Salento）稱sagne，普利
亞地區稱lagana。尺寸小一些的
版本：mezza lasagne、mezze
lasagne ricce（有打褶、波浪花邊）

類似的麵款
lasagne ricce

對味的烹調
圓茄子千層麵

凡事只看重「大」的人往往搞錯了重點：一丁點兒的
胡椒便足以征服千層麵。

——雅各伯‧達‧托迪（Jacopone da Todi）

上面這句自13世紀流傳下來的名言，證明了千層麵是
義大利麵的元老之一（中世紀文獻也有記載的還有麵
疙瘩〔頁116〕、方餃〔頁208〕、通心麵〔頁152〕以
及粗版髮絲麵〔vermicelli，頁54〕）。千層麵是長方形
麵片，通常會在麵皮上抹醬料層層疊放，做成大家都
很熟悉的焗烤千層麵。千層麵的義大利文lasagne，可
能是從希臘羅馬字laganum演變而來，意指未發酵的
麵團丸子，經炙石烘烤或煎炸後，配著湯食用。也可
能是從拉丁字lasanum或希臘字lasonon來的，指的是
一種很像三足鼎的烹飪器皿。最古老的食譜是威托千
層麵（lasagne a vento），記載於作者不詳的《烹飪之
書》（Liber de coquina），從14世紀拿坡里的安茹朝廷
流傳出來——發酵的薄麵皮裁成3公分寬的長條，煮
熟，灑上乳酪和香料後，用串籤插著吃。

Lasagne是lasagna一字的複數形，後者可能意指單
張薄麵片，更常用來指烹調好的同名菜餚；前者呢，
則是指這款麵本身。拿坡里最後一任國王法朗契斯柯
二世（Francesco II）愛吃千層麵，他父王於是給他起
了個綽號叫「拉撒」（Lasa）。自19世紀初期，一般人
家逐漸買得起烤爐，千層麵於是變成一道晚餐聚會時
的熱門菜餚，以炫耀自家有烤爐——這道菜至今在義

大利家常菜裡依然和其他的烘烤麵食（見頁284）一樣享有崇高地位。大抵是歷史悠久的緣故，千層麵花樣百出。在南義，千層麵是用粗粒麥粉麵團（頁10）做的，擀得較厚，擀好後晾乾保存（邊緣可能打褶，如次頁的波浪千層麵）。在北義，這款麵是用雞蛋麵團做的，波隆納的千層麵甚至是用雞蛋和菠菜揉成的綠色麵片。不同麵團做的，質地和口感均有差別，所以購買包裝販售的乾麵片之前，千萬要搞清楚麵的成分（倒不是說哪種比較好，純粹只是不一樣）。千層麵的料理變化多端——很多會做成素食的，從摩登的（顛覆古老作法，直接一層層鋪在盤子裡，不再送進烤爐烤），到詭祕的（譬如威尼托地區多羅邁特〔Dolomites〕的聖誕甜品，以蘋果、葡萄乾、罌粟籽、牛油和糖做醬料的千層麵）都有。這裡提供的是兩種鋪肉料的傳統食譜。

LASAGNE ALLA BOLOGNESE
波隆納千層麵

六至八人份

450克香濃版的雞蛋麵團（頁13），擀至比1毫米略薄的薄度（大部分擀麵機要轉到次薄的那一格）*
1球牛油
橄欖油少許
1.4公升的波隆納肉醬（頁250）
300克帕瑪森乳酪屑

貝夏美醬
100克牛油
100克中筋麵粉
現磨的肉豆蔻粉
1公升牛奶

這道麵食飽口濃郁，典型的波隆納料理。波隆納充滿中世紀的迷人風情，相當豐饒，義大利人稱它是「豐乳肥臀的女人」（La Grassa）。這款麵食傳統上會用綠色麵皮來做，我偏好用黃色麵片（香濃版的雞蛋麵團，頁13）。

取一口寬20公分、長30公分、深6.5公分的烤皿，塗上薄薄一層牛油。裁切麵皮，按照我此處的食譜，需要足以鋪上九層的量。麵皮分批放入煮開的鹽水裡燙30秒，煮的時候加一兩大匙的油進去，免得麵皮黏在一塊兒。把燙得半熟的麵皮平鋪在乾淨的布上，再覆上另一塊乾淨的布吸乾。

接著製作貝夏美醬。融化100克牛油，加入麵粉和大量的肉豆蔻粉拌煮約1分鐘。接著徐徐倒入牛奶，每次倒一點，其間不時用木杓攪拌，煮開之後，再倒入下一次的量。

做這道麵食時，謹記著這是麵皮和醬料層層交錯鋪疊——麵皮之間的醬料要薄，麵皮的層次要多，這樣麵做出來才好吃。先在烤皿底部抹上少量的肉醬，然後鋪上第一層麵皮，再薄薄地塗上少量的肉醬，接著少許貝夏美醬，最後灑上大量帕瑪森乳酪屑。醬薄到透出下方的麵皮也沒關係，如此反覆堆疊，最上層的醬（尤其是貝夏美醬）和乳酪屑可以敷厚一些。送進預熱的烤箱（風扇式烤箱攝氏200度，傳統式220度）烤約40分鐘，直到表面烤成漂亮的金黃色。

取出後靜置15分鐘，上菜。

---

* 你也可以買市售麵片，留意包裝上的說明。另外要注意的是，若是你使用的肉醬足以潤濕麵片，麵片就不用事先燙過。我的肉醬則不夠濕。——原注

VINCISGRASSI
文奇斯格拉西

六至八人份

450克雞蛋麵團（頁13）
300克帕瑪森乳酪屑

家禽內臟醬

650克雞內臟（雞冠和雞肺也應
　該包括在內，不過超市賣的一
　般只附雞肝、雞心和雞胗，這
　樣也行）
4大匙橄欖油
300克仔牛胸腺或腦髓或兩者
2片檸檬
2顆中型洋蔥，切細碎（300克）
3片西芹，切細碎（150克）
1根大型胡蘿蔔，切細碎（200克）
3瓣大蒜，切末
120克風乾生火腿，切片後切碎
50克牛油，外加一小坨塗烤皿用
300克仔牛絞肉
1/4小匙肉豆蔻末
1/4小匙肉桂粉
2片月桂葉
40克乾牛肝蕈，在200毫升的滾
　水裡浸泡20分鐘
300毫升不甜的白酒或不甜的馬
　薩拉酒（Marsala）
600毫升雞高湯
100毫升番茄糊
200毫升牛奶

貝夏美醬

50克牛油
50克中筋麵粉
現磨肉豆蔻粉
500毫升牛奶

有個以訛傳訛的說法：這道菜的名稱源自1799年在安
科那（Ancona）圍城事件中對抗拿破崙的奧地利將軍
大名文迪施格雷茨（Windisch Graetz）。然而早在
1781年便有食譜記載著馬仕地區一道名叫princisgrass
的料理，而且作法和這裡的食譜十分雷同。這道菜說
不定是當地最著名的菜餚，會讓愛吃內臟的食客口水
直流。豪邁地任意加進雞內臟和仔牛內臟的結果，竟
造就出如此美味的佳餚，多虧用量比例拿捏得恰到好
處，否則味道可能會變得腥嗆。

　　煮麵片的詳細步驟請參見頁139的食譜：波隆納
千層麵。

　　接下來處理內臟，不被這些東西搞得灰頭土臉有
個竅門，用一半量的油以大火烙煎內臟，煎到熟透而
且略呈焦黃。取出內臟剁碎（雞肝可用刀子剁，其餘
的放入食物調理機絞打容易些）。

　　仔牛胸腺放入加了兩片檸檬片的鹽水裡汆燙，燙
到熟透。接著讓它浸在水裡，隨著水降溫。放涼之
後，剝除上頭的膜衣，瀝乾，切丁（約1公分見方）。

　　取一口寬大的煎鍋，用牛油和剩下的橄欖油炒蔬
菜丁、大蒜和火腿，放一大撮鹽，好讓菜料出水，煮
到變軟但不致上色。加進仔牛絞肉，以中火炒至熟
透，而且開始滋滋作響，其間不時用木杓把結塊的肉
攪散。接著放入絞碎的內臟、香料和月桂葉，炒到稍
微焦黃，約10至15分鐘。加進牛肝蕈（切碎）、浸泡
的水和酒，煮沸，讓它滾一兩分鐘。接下來換另一口
深鍋來煮，把肉料全倒入，高湯和番茄糊也一併倒進
去，煨到鍋料非常濃稠而乾——約需2小時。之後加
入牛奶和胸腺或腦髓，再煨上10至15分鐘，煨到醬汁
濃稠。

另外起鍋煮貝夏美醬。在鍋裡融化牛油，倒入麵粉和大量的肉豆蔻粉，拌煮約1分鐘。接著徐徐倒入牛奶，每次倒一點，期間不時用木杓攪拌，煮開後再倒入下一次的量，作法如波隆納千層麵。

接下來的步驟，和烹調波隆納千層麵的作法完全相同，請參見頁139。

LASAGNE RICCE
波浪千層麵

大小
長：142毫米
寬：36毫米
厚：1毫米

同義字
doppio festone（荷葉邊拉花麵）、
sciabo與sciablo

波浪千層麵是邊緣起皺、打褶或呈波浪形的千層麵，不僅具有裝飾效果，也讓口味較清爽的醬汁更能浸潤著麵片。波浪千層麵和千層麵一樣，各地有不同的樣貌：在坎帕尼亞地區（Campania）和拉齊歐地區（Lazio），波浪千層麵是用粗粒麥粉製的，不摻雞蛋，但在艾米利亞－羅馬涅地區用的則是雞蛋麵團。這種造型的麵其實主要是南義的特產。在整個西西里島，鋪疊一層層香濃肉醬和利科塔乳酪焗烤的千層麵，是聖誕節的經典菜色。在島中央的卡爾塔尼瑟塔（Caltanissetta），麵片之間鋪放的是豬肉醬和煎得焦脆的青花菜和蛋。在帕洛瑪（Palermo），新年當天會吃「便便千層麵」（lasagne cacati），很酷吧！做這道麵時要高舉一大坨利科塔乳酪扔到麵上頭，令人不禁想起加泰隆尼亞人拉屎的習俗（Caga Tió）*。下面一道食譜的作法是坎帕尼亞地區料理波浪千層麵的方式。

---

* 西班牙加泰隆尼亞地區，在聖誕節前夕小孩於庭院中拉屎，屎代表黃金，是一種吉祥的象徵。

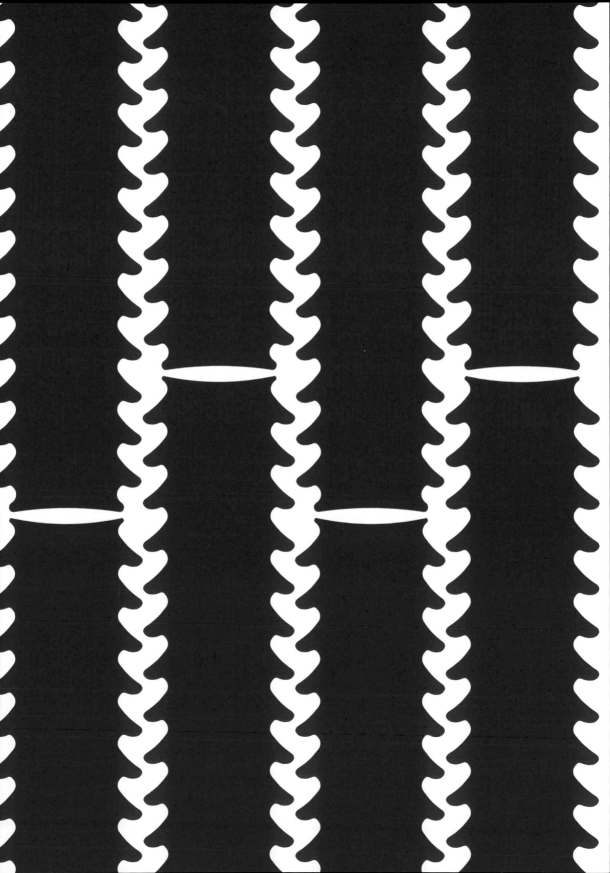

LASAGNE RICCE NAPOLETANE
拿坡里波浪千層麵

六人份

400克乾的波浪千層麵，或520
克新鮮的千層麵（簡單版或香
濃版雞蛋麵團做的，頁13），
調理方式參見波隆納千層麵
3大匙橄欖油
500毫升拿坡里肉醬（頁216）
400克莫扎瑞拉乳酪（水牛乳酪
或乳牛奶製的無鹽乳酪〔fior di
latte〕，或一半莫扎瑞拉乳酪、
一半利科塔乳酪），切小塊，
瀝乾
300克帕瑪森乳酪屑

肉丸

200克牛絞肉或仔牛絞肉
200克豬絞肉
1顆大型的蛋
350克佩科里諾羅馬諾乳酪（或
帕瑪森乳酪），需要的話可額
外多準備一些
2大匙麵包屑
3大匙橄欖油

這道菜證明了義大利麵是可以配肉丸子吃的，甚至在義大利也可以這麼吃（而且配的還不是圓直麵）。下面的食譜是傳統作法，而且相當美味，通常會再配上水煮蛋。想讓它更花俏的話，我會加18顆鵪鶉蛋，因為它比肉丸子大不了多少，很相襯。但這裡的食譜沒加鵪鶉蛋。

取一只寬20公分、長30公分、深6.5公分的烤皿，把一大匙油輕輕地塗抹在內層。麵下到煮開的鹽水裡煮（煮到還有點生的程度），煮的時候加一兩大匙的油下去，免得麵黏結在一塊兒。好了後撈起，放入冷水冰鎮，然後把麵片夾在兩層乾淨的布中間，好讓布把水分吸乾。

接下來做肉丸子。將絞肉、蛋、佩科里諾羅馬諾乳酪和麵包屑拌勻，加鹽和胡椒調味。把拌好的肉料捏成小肉丸（約榛果般大小），取一口夠大的煎鍋，倒入剩下的油來煎小肉丸，煎到表層焦黃。好在肉量不多，否則捏丸子的過程很費工，煩不勝煩（和找出一百種語言來說「現在來煮麵」差不多煩人）。

烤皿的底部抹上兩大匙肉醬，然後鋪上一層稍稍重疊的麵片，再抹上一層薄薄的肉醬，鋪上一些肉丸子和莫扎瑞拉乳酪，接著灑上大量帕瑪森乳酪絲。適當地分配用量，好讓你一層層鋪放完畢後，肉丸子都用光，但仍有不少的肉醬、莫扎瑞拉乳酪和帕瑪森乳酪可以敷在最上一層。

送入預熱的烤箱（風扇式烤箱攝氏200度，傳統式220度），烤30至40分鐘，等表面呈金黃即可出爐。靜置10至15分鐘後上菜。

'MELANSAGNA NAPOLIGIANA'
圓茄子千層麵

六人份

400克波浪千層麵
2顆中型圓茄子，切片，厚度不
　超過5毫米
麵粉，用以鋪灑在案板上
油，煎煮用
500毫升辣味茄汁醬（頁196），
　或加點辣椒的淡味茄汁醬
　（頁15）
1小把羅勒（25克），粗切
250克莫扎瑞拉水牛乳酪，切碎
　或掰碎
200克帕瑪森乳酪屑

適合這道醬料的麵款

lasagne

這道菜是焗烤千層茄子（melanzane parmigiana）和拿坡里千層麵生出來的小雜種，兩者的老祖宗都來自拿坡里，子孫都是在海外生的（我必須坦承，這事兒我也摻了一腳），不過你很可能會在拿坡里吃到這道菜，就像巴蒂鍋菜*一樣。

　　麵下滾水煮到相當有彈性但蕊心仍是生的，撈出，放進冷水冰鎮，用布吸乾水分。茄片灑點細海鹽（別放多，只是要稍微讓它出水並去掉苦味），堆疊在一起，置一旁醃30分鐘。之後沖洗乾淨並且擠乾。取出你最寬的一口煎鍋，開大火，倒入0.5公分高的油量。等油一開始冒煙，便把稍微灑上些許麵粉的茄片分批放入鍋裡炸，每一次只鋪放一層，兩面各炸1分鐘，炸到微微焦黃。撈出茄片，瀝乾油。

　　取一口大小適中的烤皿（寬20公分、長30公分），用少許茄汁醬塗抹底部，稀稀疏疏地鋪一層茄子，然後鋪一層麵片。接著大量地灑上羅勒、莫扎瑞拉乳酪和帕瑪森乳酪，再澆上一層醬汁，續鋪一層麵片，最後再疊上一層茄片。照這般順序（麵、茄子、乳酪、羅勒和醬汁）反覆鋪疊，鋪放好之後，最上層和最底層都是茄片。最上面的那一層絕不能有羅勒，額外多放點帕瑪森乳酪無妨。送入預熱的烤箱（風扇式烤箱攝氏200度，傳統式200度）烤40分鐘，或烤到冒泡而且酥黃焦脆的地步。

---

* 巴蒂鍋菜（balti），源於巴基斯坦和印度的咖哩菜色，傳入英國後口味有
　所改變，但相當風行。

LINGUINE, BAVETTE AND TRENETTE
細扁麵、圍涎麵、扁麵

大小
長：260毫米
寬：3毫米
厚：2毫米

同義字
lingue di passero（麻雀的舌頭）

類似的麵款
trenette（稍大些）

對味的烹調
辣味茄汁醬；義式烏魚子和麵包屑；燉培根和豌豆；熱那亞肉醬；扁豆；薑汁龍蝦淡菜；熱那亞青醬；風月醬；羅馬花椰菜；干貝百里香；鮪魚肚茄汁醬；青花菜、鰻魚奶醬；櫛瓜明蝦；櫛瓜花、小螯蝦番紅花醬；塔拉潘尼青醬；窮人的松露；茄汁醬

細扁麵和圍涎麵這兩款外形近乎一模一樣的麵，口感絕佳，從名稱就可以看得出來。圍涎麵（bavette）的歷史可能更久遠，義大利文bavette一字是從「垂涎」（sbavare）或「滴淌」（bava）演變而來，最早是個法文字，意思即是「圍涎」。細扁麵（linguine）較為普遍，它的字源明確得多，意指「小舌頭」，而且麵如其名：長度和圓直麵（頁230）差不多，橫截面呈扁扁的橢圓弧，就像舌頭一樣。這麵有著圓柱形麵條的厚實口感，也有扁麵條的包摺特性，是人們很常吃的一款麵，尤其是佐搭海鮮和以番茄為底的醬。

扁麵（trenette）是利古里亞地區的代表性麵食，在熱那亞省尤其常見。它有點兒像裁得方方正正的細扁麵，是用粗粒麥粉和水的麵團做的，現做現煮最好吃，用乾麵煮出來的也很不錯。扁麵和與之類似的弦麵（頁156）一樣有兩大特色：表面積比細扁麵或圓直麵多得多，所以同樣一口麵，沾附的醬汁多很多；再者，扁麵和弦麵都略為厚實，若是煮得恰到好處，嚼勁更是美妙。

傳統上這類麵食會佐搭青醬、四季豆和馬鈴薯（頁276）或熱那亞肉醬（頁212）——這種利古里亞式肉醬，每100克可佐200克乾麵或260克新鮮扁麵，供兩人份主菜，或四人份前菜。

LINGUINE ALLE VONGOLE
細扁麵佐蛤蜊

四人份前菜或二人份主菜

200克乾麵（細扁麵、圍涎麵、
　圓直麵或細直麵皆可）
6大匙特級初榨橄欖油
600克馬尼拉蛤蜊，或400克
　櫻蛤（tellines，如果你買得
　到），清理乾淨
1瓣大蒜，切薄片
1大撮乾的辣椒碎末
1把平葉荷蘭芹，切碎
4大匙白酒

適合這道醬料的麵款
spaghetti、spaghettini

這道菜幾乎沒有人不愛，而且烹調方法簡單到不行。

把麵放入滾水裡煮；另起一口寬大的煎鍋，用大火加熱。當煎鍋燙得冒煙時，先放入油，接著手腳要快，讓蛤蜊、蒜片和辣椒末一次全數下鍋。翻炒一會兒（我偏愛把蒜片炒到邊緣開始變色的地步，不過個人口味不同，你可自行斟酌），續加荷蘭芹，緊接著倒入白酒。讓鍋內汁液煮沸起泡——蛤蜊快熟時會釋出汁液。蛤蜊的殼一旦開始打開，就不應該處在乾煎的狀態——要是鍋料太乾，加點水進去；但要謹記一點，這道菜完成時，醬汁裡油和水的比例應該是一比一。

當大多數的蛤蜊殼都開了時，把麵瀝出，加進煎鍋裡和醬料一起攪拌，等最後一顆蛤蜊開殼，就馬上起鍋。

要是你希望醬汁乳化，蛤蜊下鍋前，灑一小撮麵粉到油裡，這麼一來，這道麵食口味會濃厚些，但我偏好不加麵粉。

LINGUINE ALL'ASTICE
細扁麵佐龍蝦

四人份前菜或二人份主菜

200克乾的細扁麵
1隻小的活龍蝦（約500克）
4大匙特級初榨橄欖油
1瓣大蒜，切薄片
1/4小匙乾辣椒碎末
60毫升白酒
200毫升淡味茄汁醬（頁15，
　或用番茄糊或生番茄泥）

適合這道醬料的麵款
bavette、malloreddus、
spaghetti、spaghettini

用刀子將龍蝦剖成兩半，從頭部下刀，再往尾部切。如果你下不了手，先把龍蝦放到冷凍庫冰15分鐘，等牠凍僵麻痺，再把牠投入滾水燙3分鐘，這時牠大概已經半熟。將牠一刀斃命，乍看之下很殘忍，但事實上是仁慈多了（尤其是你若先把牠凍到麻痺才下手）。不管怎樣，你都要把牠剖成兩半。

處理龍蝦時，用冷水沖洗掉頭殼內呈褐色的肉，掏出眼睛後方的囊袋並丟棄，將蝦頭前端約2公分的部分（包括眼睛和觸鬚）修剪掉，鰓（又叫「死人的手指」〔dead man's fingers〕）也一併挖除，手指從腳和外殼之間伸進去就可以掏出來。把蝦頭和蝦身切大塊。拔下蝦鉗以及連接蝦鉗和身軀的「關節」，用刀把蝦鉗剖兩半，等會兒吃的時候方便些。別把蝦殼剁掉，蝦殼不僅可以讓這道菜顏色好看，也會增添醬汁的味道。

把麵下到滾水裡煮，在麵差4、5分鐘就要煮好時，把一口寬的煎鍋加熱，鍋熱後放油，接著把龍蝦放到鍋裡煎2分鐘左右，其間稍微翻炒一下即可。然後蒜片和辣椒碎末下鍋，煎30多秒，之後倒入白酒，加茄汁醬。把整鍋鍋料攪拌均勻，煮到龍蝦熟透。醬汁應該有點兒稠，如果醬汁乾掉了，就澆一點煮麵水進去。將麵瀝出（像往常一樣煮到稍微有點兒韌），投入醬汁內拌勻，煮到醬汁沾附在麵上，而麵彈牙可口，起鍋馬上享用。

LUMACHE
田螺麵

大小

長：27毫米
寬：15毫米
直徑：12.5毫米

同義字

chifferini、ciocchiolette、cirillini、
gomitini、gozziti、lumachelle、
pipe、pipette（小煙管麵）、
tofarelle

對味的烹調

燉培根豌豆；風月醬；利科塔乳
酪茄汁醬；香腸肉醬；紫萵苣、
煙燻火腿和梵締娜乳酪

田螺麵和拐子麵（頁130）很相似，但體積通常大一些，一端開口被壓扁成半閉闔狀──如此一來，不僅外觀更像真正的田螺殼，而且醬汁進入麵管內就會留在裡頭。「一般」的田螺麵約是大拇指關節大小（事實上，一般的田螺也約莫這麼大），但也有巨型的田螺麵，最適合拿來做麵捲（頁50）或袖管麵（頁168）一類的鑲餡料裡。大多數的田螺麵顯然都被改造成樣式簡單的管麵，不過也有螺紋密實的田螺麵，樣子和前不久才在花園裡突然現身把你嚇一大跳的蝸牛非常神似。

LUMACHE ALLE LUMACHE
田螺麵佐田螺醬

八人份前菜或四人份主菜或輕食

400克田螺麵
1顆中型洋蔥（150克，紅洋蔥或
　黃洋蔥皆可）
3瓣大蒜
8大匙平葉荷蘭芹末
8大匙特級初榨橄欖油
350克去殼的熟田螺（罐頭的
　也行）
800克熟番茄，打成泥
125毫升白酒
4大匙羅勒葉末
3大匙新鮮的薄荷葉末

配料
4大匙麵包屑，以2小匙特級初榨
橄欖油烤過，放涼，再和4大匙
的佩科里諾羅馬諾乳酪屑混勻

田螺麵配田螺醬——這道肉醬佐搭其他麵款也不賴，只是沒那麼有趣而已。

　　將洋蔥、大蒜和一半的荷蘭芹切細碎，放入一只深鍋內，加一小撮鹽進去，開中火用油煎10分鐘，菜料軟了之後放入田螺肉，續煮幾分鐘。接著倒入番茄泥和白酒，煨煮45分鐘，直到醬汁濃稠，油脂浮到表層。試試鹹淡——調味完之後即可起鍋享用，也可以冷藏改天再吃。

　　等到你肚子餓時，把（瀝乾的）麵加進在爐火上熱騰騰的醬料裡，煮一兩分鐘之後，拌入羅勒葉末、薄荷葉末和剩下的荷蘭芹。吃的時候撒上混有佩科里諾乳酪的麵包屑，口感酥脆帶勁。

MACCHERONCINI
通心麵

大小

直徑：6毫米

長：45毫米

管壁厚度：1.5毫米

對味的烹調

雞肉李子醬；通心粉沙拉；鮪魚
和圓茄

這款管狀的麵相當的細，長度約3至5公分，在義大利
以外的地方叫通心粉（macaroni，顯然是從義大利字
maccherone演變來的，而maccherone的字源很可能是
希臘字makaria，意思是「聖糧」）。在義大利，通心麵
泛指所有用清湯或水煮的乾燥麵食（也就是乾的義大
利麵），在美國境內本來也是如此，直到最近才改變。
1981年，美國的全國通心粉會社（National Macaroni
Institute）正式改名為全國麵食協會（National Pasta
Association）。

　　通心麵誕生於拿坡里。拿坡里人喜食蔬菜，在義
大利國內一度有「食菜人」（mangiafoglie）之稱號。
18世紀時，以拿坡里為核心的製麵產業發展蓬勃，因
為那裡的氣候非常適合晾乾麵食。街頭小販烹煮加了
乳酪的熱騰騰麵食，賣給當地的工人和壯遊（Grand
Tour）來到此地的年輕英國貴族。這些街頭小販吸引
了大批遊客，成了拿坡里繁榮興旺的象徵。拿坡里人
自此有了新的別名叫「食麵人」（mangiamaccheroni），
這名號至今持續不墜，麵食簡直是這個城市的代名
詞，即使拿坡里人消耗的麵食不到他們生產總量的四
分之一。

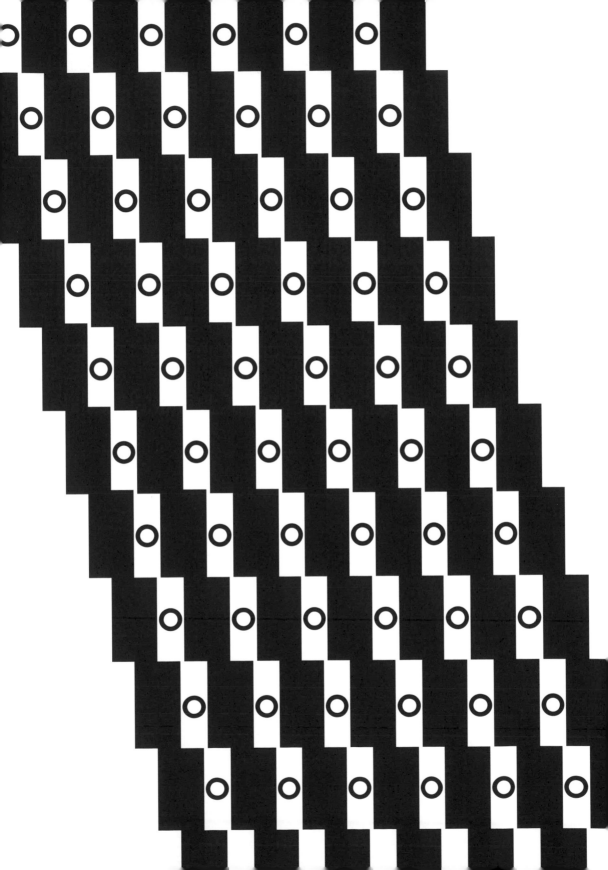

PASTA ALLA NORMA
通心麵佐諾瑪醬

四人份前菜或二人份主菜

200克通心麵
1顆中型圓茄（約300克）
1/2小匙細海鹽
用來酥炸的油（玉米油、葵花油
　或油菜籽油）
1/2顆中型洋蔥，切碎
2瓣大蒜
1小撮乾辣椒末
3大匙特級初榨橄欖油
90毫升適中的茄汁醬（頁15）
8-10片羅勒葉，撕碎或粗切
80克鹹味利科塔乳酪（磨碎），
　或120克煙燻利科塔乳酪（捏
　碎）

適合這道醬料的麵款

bucatini、cavatappi、gemelli、
paccheri、penne、pennini rigati、
rigatoni、sedanini、spaccatelle、
spaghetti、tortiglioni、ziti/candele

這是西西里島有名的菜式，名稱來自貝里尼的歌劇《諾瑪》（Norma）。話說（很可能是捏造的）有位廚子聽了這齣讓人蕩氣迴腸的歌劇後，心醉神迷之餘，立刻衝回廚房，烹調出這道菜來讚頌它。不過這道菜早在貝里尼寫出《諾瑪》之前就已經存在；比較有可能的是，貝里尼的同胞開始用「美妙得像《諾瑪》」（una vera Norma）這句話來讚揚某個卓越不凡的產品或作為，之後這道菜才有這個名稱。這道諾瑪醬就如它享有的美名一樣，的確美妙得像《諾瑪》。

圓茄粗略地切成約2公分小丁，灑上一半的鹽之後，放入大量滾燙的油裡炸到酥黃軟嫩，撈出後放在吸油紙巾上瀝乾油。你最好在煮麵之前把茄子炸好，免得你不小心把水彈到油鍋裡（這大概是廚房裡最悲慘的事了）。

趁把麵下到滾水裡煮時，在煎鍋裡用橄欖油慢煎洋蔥、大蒜（壓碎但仍維持一整瓣）和辣椒末，撒下剩餘的鹽巴。煎5至8分鐘左右之後，洋蔥應該變得軟嫩金黃。撈起大蒜丟棄，倒入茄汁醬和60毫升的煮麵水拌勻。接著炸過的茄子下鍋，輕輕地拌一拌，然後把瀝乾而略嫌稍硬的麵放入鍋內。麵和醬料一起煮約1分多鐘（你可能需要澆一點煮麵水進去），起鍋前拌入羅勒葉。盛盤後灑下利科塔乳酪屑。

MACARONI CHEESE
乳酪通心粉

二人份主菜或四至五人份的配菜

200克通心麵或螺絲管麵（頁
　68）
50克牛油，額外多準備一些，
　上菜用
3大匙中筋麵粉
1片月桂葉
肉豆蔻
300毫升牛奶
150克帕瑪森乳酪，磨碎
100克切達乳酪或梵締娜乳酪，
　切丁（約1公分）
3大匙麵包屑（依個人喜好而加）

適合這道醬料的麵款

cavatappi、chifferi rigati、sedanini

據說傑佛遜總統在19世紀初旅居義大利後，將這道菜的作法帶回美國去。這裡的食譜當然不是義式作法（傑佛遜總統帶回去的很可能是焗烤通心麵的食譜，見頁196，那份焗烤食譜最後演變成當今的這道料理），不過你可以用梵締娜乳酪取代切達乳酪，幻想一下自己做的是正宗原味。

　　將牛油塗抹在一口大小適中的陶瓷烤皿（長20公分、寬12公分）內壁。按照平常煮麵的方法把麵放進鹽水裡，煮的時間只要包裝上指示的一半即可。撈出瀝乾，這時麵咬起來仍是脆的，不過你別擔心。

　　接下來製作油糊（roux）。將牛油加熱溶化，放入麵粉、月桂葉、適量肉豆蔻粉和少許鹽巴及胡椒，拌炒一會兒（小心別把麵粉炒褐了），接著徐徐注入牛奶，同時用一根木勺迅速地攪打。攪打的工夫很到位的話，醬汁會變得綿密滑順。隨後拌入三分之二的帕瑪森乳酪屑，接著放入麵攪拌一下。等麵均勻地裹著醬汁時，續加入切達乳酪丁或梵締娜乳酪丁，拌勻即可，然後全數倒入烤皿內。用勺子背面把混料的表面盡量抹平，把剩下的帕瑪森乳酪屑灑在表層，喜歡的話也可以混加麵包屑。

　　送入預熱過的烤箱（風扇式烤箱攝氏220度，傳統式240度），烤20分鐘，烤到表面金黃而且滾燙。取出後靜置10分鐘後再享用，免得燙傷舌頭。

MACCHERONI ALLA CHITARRA
弦麵

大小
長：100毫米
寬：3毫米
高：2毫米

同義字
拉齊歐地區稱caratelle、
tonnarelli，莫利塞地區稱crioli，
馬仕地區稱stringhetti

對味的烹調
鰻魚；櫛瓜花；鴨肉醬；蒜味
醬；熱那亞肉醬；火腿豌豆奶
醬；羔羊肉醬；熱那亞青醬；干
貝百里香；紫萵苣、煙燻火腿和
梵締娜乳酪；鮪魚肚茄汁醬

這款在阿布魯佐地區（Abruzzo）很典型的雞蛋麵條，是用琴弦般的器具，軋緊的弦或金屬絲線，壓切厚麵皮製成的。這種長麵條的義大利名稱仍冠上通心麵一字，這也許很令人訝異，不過從麵食的歷史來看並沒有錯——在南義，通心麵一字至今依然泛指所有的麵食。傳統上會佐搭辣椒和羔羊肉塊的弦麵，近來褪去了原有的鄉土氣息，成為全球食尚的新寵兒——由於它製作簡單（如果你有工具的話），而且和切成絲的蔬菜非常速配，所以很受廚子喜愛。弦麵和生櫛瓜絲及去殼的明蝦一起香炒，簡直是人間美味。下頁的食譜是另一道在地料理。

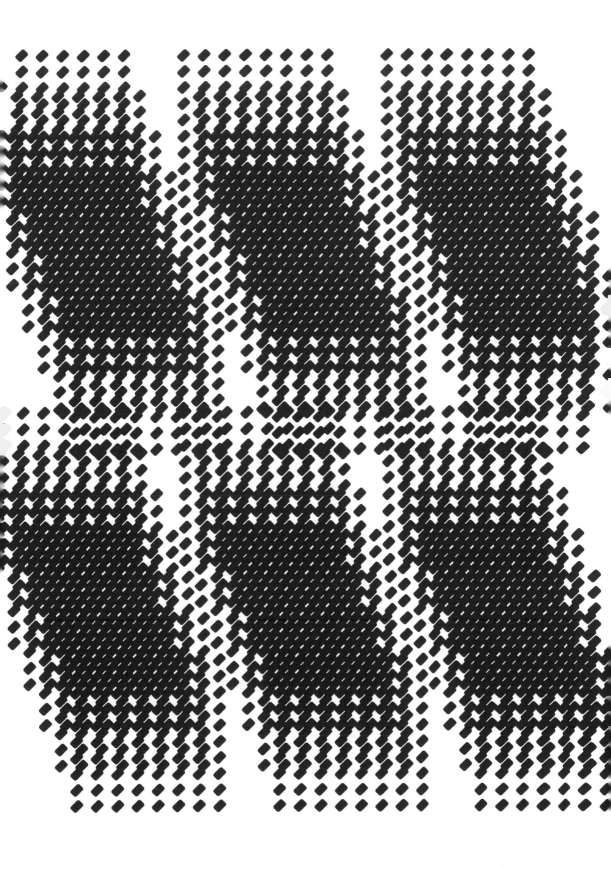

MACCHERONI ALLA CHITARRA CON TARTUFO DEI POVERI
弦麵佐窮人的松露

四人份前菜或兩人份主菜

250克新鮮的弦麵（或200克乾的弦麵）
200克蘑菇（栗子香菇〔chestnut mushroom〕或洋菇〔cup mushroom〕）
70克（約20粒）有核的乾癟黑橄欖
2片鯷魚柳
4大匙特級初榨橄欖油
1小撮乾辣椒碎末

適合這道醬料的麵款
bigoli、fazzoletti、pici、spaghetti、trenette

這道醬料的名稱雖然有松露一字，然而味道和松露不太一樣，不過蕈菇類帶有泥草香的細緻滋味絲毫不減。在當今這個松露每每以天價售出的時代，「中產階級的松露」其實也一樣馨香可口——若不是超級富豪哪吃得起真正的松露呢。

這類稍有點兒乾的醬料配上嚼勁十足的新鮮麵食，滋味非常搭調，而且是少數幾道我會推薦你用新鮮圓直麵（很多超市都買得到）來代替，口感也一級棒的菜色之一。

將蘑菇過長的柄蒂切掉，需要的話用濕布把菇傘上的泥污擦乾淨。將橄欖去核。處理好的蘑菇、橄欖、鯷魚柳和辣椒碎末全放入食物調理機打成細泥。

假設你用的是新鮮麵條，麵條下滾水煮的同時，另起鍋煮醬料。

開中火，在煎鍋裡倒入橄欖油，煎煮打成泥的蘑菇混料，煮到混料呈黑褐土的色澤，而且看起來很油潤。加4大匙的煮麵水進去，同時把煮到略為偏硬、瀝乾的麵條放入鍋內，和醬料一起拌煮，直到醬料沾附著麵條。醬料應該是乾的，要是太過於乾稠你也許要澆一點煮麵水進去。

MACCHERONI ALLA CHITARRA CON GAMBERI E ZUCCHINE
弦麵佐櫛瓜和明蝦

四人份前菜或二人份主菜

200克乾的弦麵，或260克新鮮
　的弦麵
2-3根櫛瓜（約300克）
1瓣大蒜，切成火柴棒大小的細絲
300-400克連殼的生明蝦，剝殼
　（最後應該有150-200克蝦肉）
3大匙特級初榨橄欖油
50克牛油
10片羅勒葉，撕碎或切絲

適合這道醬料的麵款

farfalle、farfalle tonde、
maltagliati、pappardelle、
spaghettini、tagliatelle、trenette

這道菜很容易做，而且好吃無比，只要買到品質絕佳的明蝦就行了。我通常會買西西里紅明蝦（Sicilian red prawns）——罕見的珍品，滋味妙極了。你也可以用普耳明蝦（Poole prawns，秋末冬初之際於英國南方捕撈上岸的透明而可愛的蝦子）、岩蝦（rock shrimp），或去殼的小螯蝦或龍蝦。

　　櫛瓜去頭去尾，再攔腰切對半，好讓它不過長。接著把這兩半縱切成1至2毫米的薄片，再把這些薄片疊在一起，切成和即將下鍋煮的麵條同粗細的瓜絲。櫛瓜絲下鍋前的幾分鐘可以加點鹽調味，但不是非加鹽不可。將麵下到滾水裡煮。

　　在麵差幾分鐘就會熟時，開中火加熱一只寬口煎鍋（你需要大一點的鍋子來煮醬料——中式炒菜鍋也很好用）。鍋熱後倒入油，把大蒜爆香但不致上色，然後放入櫛瓜絲和明蝦，加鹽和胡椒調味。等蝦煎到半熟時，拌入牛油。拌炒整鍋鍋料，直到醬料甘美多汁，櫛瓜絲柔軟——肯定熟了但仍有咬勁。將麵條瀝出，投入醬料內，把火開到最大，續炒約30秒，拌入羅勒葉，再次嚐嚐鹹淡，起鍋馬上享用。

MACCHERONI INFERRATI
通心捲

大小

長：125毫米
寬：5毫米

同義字

busiati或firrichiedi、maccheroni
chi fir、maccheroni al ferro

對味的烹調

辣味培根茄汁醬；培根蛋奶醬；
蘿蔔菜；蒜味醬；四季豆；熱那
亞肉醬；義式醃肉和乳酪；乳酪
胡椒醬；熱那亞青醬；特拉潘尼
青醬；辣味兔肉茄汁醬；沙丁魚
茴香醬；香腸奶醬；鮪魚肚茄汁
醬

蘆稈麵（頁40）和通心捲這兩個名稱常相互通用，指
的是以近乎同樣手法做出來的兩款形狀迴異的麵。兩
者在外觀上的差異很明顯，所以我把它們分成兩
類——你會發現，我把蘆稈麵形容成圈捲的電話線，
而通心捲的造型完全不一樣，幾乎呈直管狀。這兩款
麵都是西西里島和卡拉布里亞的特色麵食。

　　通心捲傳統上是用一根鐵棒（一種舊式的細織
針），將麵皮捲裹起來製成的，用木棒來做也一樣行
得通。製作蘆稈麵也用到鐵棒，不過麵皮是呈斜角地
盤捲在鐵棒上，不似做通心捲時麵皮的長邊和鐵棒是
平行的，因而滾壓鐵棒時麵皮會圈捲成長管狀。如此
的製作手法很像在做手工的吸管麵（頁34）。

　　製作通心捲的方法有二，用的都是杜蘭小麥粉揉
的原味麵團（頁10）。

MAKING MACCHERONI INFERRATI
通心捲的作法

方法一

揉出一條約莫和香菸等粗的圓筒型麵條，切成和香菸等長的小段。取一段平放在案板上，把你的棒子和麵條的長邊並排在一起。接著用你雙手的手心，連壓帶滾地迅速來回搓動棒子，雙手一邊搓一邊沿著棒子移動，好讓麵條的長度順著棒子延展。搓滾棒子時，圈裹著棒子的麵捲會慢慢鬆脫，其中空部分的口徑會愈來愈大，比棒子的管徑大上許多，好讓你從中抽出棒子來。

方法二

揉出一條約3毫米寬的長麵條，每15公分切一節。取一節打直平放在案板上。拿某個有筆直長邊的東西（譬如塑膠尺），長邊抵著和小麵條平行的案板，而麵條位在尺和你的身體之間。讓尺和你的身體呈45度夾角，接著將尺往你身體的方向挪移並碾過小麵條，這麼一來，小麵條會延展開來，並且圈捲成近乎完整的管狀。

MACCHERONI INFERRATI CON RAGÙ DI COTICA
通心捲佐豬肉豬皮醬

四人份主菜

400克粗粒麥粉做的新鮮通心
　捲，或400克乾的通心捲
500克帶皮去骨的豬五花肉
4大匙特級初榨橄欖油
1厚片西芹，切細碎
1/2根胡蘿蔔，切細碎
1顆中型洋蔥，切細碎
2瓣大蒜，切碎
2片月桂葉
1/2小匙壓碎的茴香籽（依個人喜
　好而加）
500毫升紅酒
400克罐頭的或新鮮的番茄碎粒
250毫升牛奶
20片羅勒葉
現刨的帕瑪森乳酪屑或佩科里諾
　羅馬諾乳酪屑，適量

適合這道醬料的麵款
bucatini、cavatelli、fusilli bucati、
gemelli

這食譜是四人份的量，若只有兩人用餐，可以留下一半的醬改天再用。一般人通常會把豬皮切除丟棄，或是拿去餵狗。其實豬皮不僅好吃，而且很營養，富含膠質，灌香腸、烹煮醬料或燜燉料理加入豬皮之後，口感和滋味都會大幅提升——千萬不能瞧不起它。

做這道醬需要花上足足3小時，做好後你可以擱一旁不理它；願意的話，也可以事先做好備用。

首先把豬皮從五花肉上切下來，投入滾水裡煮5分鐘，滾過後才好切（生豬皮韌得很），滾過後切成3至4公分長、5毫米寬的小段。肉則細切成約1公分見方的小丁。用一口中型煎鍋，開中火熱油，油熱後豬肉丁下鍋煎，煎到相當焦黃酥香，約10至15分鐘；接著加入蔬菜、大蒜、月桂葉和茴香籽，並灑下大量的鹽巴，續煮10至15分鐘，煮到菜料出水變軟而且開始變色。這時豬皮下鍋，並倒入紅酒、番茄碎粒和牛奶，整鍋煮到微滾後，轉小火慢煨，直到醬汁變稠，豬皮光滑軟嫩。若你是預先準備，煮到這會兒即可打住。若是打算馬上享用，則繼續以下的步驟。

通心捲下鍋水煮，煮到略嫌稍硬時瀝出，加進熱騰騰的醬汁裡，把火轉大，麵和醬一起煮一會兒，邊煮邊攪拌，煮到麵的軟硬度剛好，而且均勻裹著醬汁。最後拌入羅勒葉，並灑上帕瑪森乳酪屑。

MALLOREDDUS
肥犢麵

大小
長：30毫米
寬：10.5毫米

同義字
caidos、macarones cravaos、
maccarronis de orgiu；機器生產的
叫做gnocchetti sardi

對味的烹調
義式烏魚子和麵包屑；龍蝦；乳
酪胡椒醬；明蝦沙拉；茄汁醬

肥犢麵的義大利文malloreddus是malloru（薩丁尼亞方言意指「公牛」）一字的指小詞，因此是「小肥牛」的意思。這款用粗粒麥粉麵團（頁10）製的麵有如小湯圓，通常會加點番紅花絲而呈橘黃色，形狀像修長而優雅的海螺，表面布滿可以留住醬汁的溝紋。在從前，這溝紋是用柳編籃子擫印上去的，而今在家自製肥犢麵時，用的是有溝槽的特製玻璃（格篩，義大利文是ciuliri）來壓出紋路。出了薩丁尼亞，大多只能買到晾乾後包裝販售的肥犢麵；而在薩丁尼亞島，大部分賣的也是盒裝的乾麵。薩丁尼亞的新娘在出閣當天的晚上，會穿戴著銀首飾，捧著一大籃她親手做的肥犢麵遊街，娘家的人會跟在她後頭，直到她抵達夫家大門，等在門口的丈夫拿著來福槍，一見成群結隊的跟班便對空鳴槍，把那夥人嚇走。新娘隨即入門，並和新婚丈夫一道把盛在一個盤子裡的肥犢麵吃光光。

番紅花絲對我們來說絕對稱不上是便宜的食材，但是在番紅花生長的地區，只要花點時間和耐心就可以取得。把番紅花絲加到麵團裡，大抵是想讓這只用麵粉和水揉成的窮人家麵食，看起來像摻了蛋黃，加蛋黃是有錢人才吃得到的麵。這讓人想到沿襲了數百年的習俗——用金箔葉片鑲飾食物以象徵榮華富貴；這傳統至今仍舊可以在巧克力專賣店裡看到。古時的義大利肉販還曾時興把菲力牛肉包上金箔高掛在舖子前展示呢。

MALLOREDDUS ALLA CAMPIDANESE
肥犢麵佐香腸、番茄和番紅花

四人份前菜或二人份主菜

200克肥犢麵
1顆中型洋蔥（約120克），
　　切細碎
3大匙特級初榨橄欖油
200克義式香腸，去腸衣
1小撮番紅花絲
200毫升番茄糊
5片羅勒葉
大量的佩科里諾乳酪屑（上等、
　　硬質的）

適合這道醬料的麵款
fusilli fatti a mano、gramigne、
spaccatelle

這道醬料可以預先做好，要是你一口氣做很多，甚至可以冷凍備用。

　　起油鍋，用文火煎洋蔥，灑點鹽進去，把洋蔥炒到透明。接著香腸下鍋，開中小火繼續煎煮，用鍋鏟把香腸肉鏟碎，將混料煎得滋滋作響並且逐漸上色──約15分鐘。之後放入番紅花絲和番茄糊，文火煨到汁液變稠，油脂浮到表層（大約30多分鐘）。

　　將肥犢麵煮到彈牙。加點煮麵水把醬料加熱，然後放入瀝乾的麵。整鍋煮30秒左右，最後拌入撕碎的羅勒葉，灑上佩科里諾乳酪屑即成。薩丁尼亞島特產佩科里諾薩多（Pecorino Sardo）羊奶乳酪最對味。

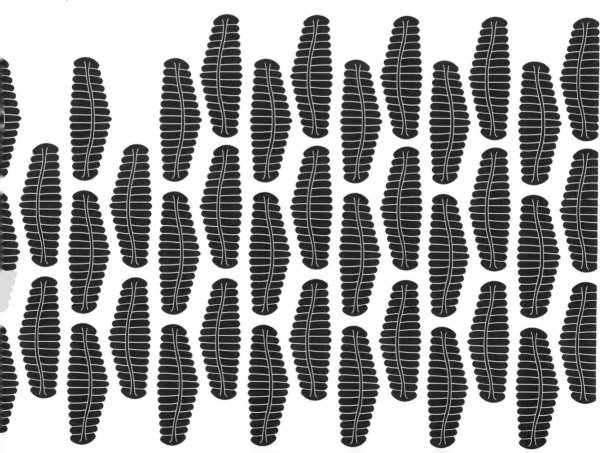

MALTAGLIATI
零角麵

大小
長：60毫米
寬：16毫米
厚：1毫米

同義字
malmaritati（「不搭軋」的意思）
或blecs（蕎麥粉製的）；瓦特里
納地區（Valtellina）的迷你款稱
pizzoccherini；曼托瓦地區
（Mantova）稱straciamus或
spruzzamusi（意思是「讓人吃得
口水四濺」）；利古里亞地區稱
martaliai；艾米利亞－羅馬涅地區
稱bagnamusi（「讓人口水直流」）
和sguazzabarbuz；馬仕地區稱
strengozze；拉齊歐地區稱sagne
'mpezze；普利亞地區稱pizzelle

對味的烹調
朝鮮薊、蠶豆和豌豆；花豆湯；
櫛瓜和明蝦；鴨肉醬；小螯蝦番
紅花醬；羊肚蕈；乳酪胡椒醬；
牛肝蕈奶醬；干貝百里香；
白松露

零角麵的義大利文maltagliati，顧名思義是形狀不規則
的麵。市售的零角麵通常很無趣地呈一模一樣的菱
形，大多是雞蛋麵團製的，偶爾也有純粹用粗粒麥粉
製的。這款麵最初是義式刀切麵裁下的邊邊角角湊合
起來的「惜福」麵，今天的零角麵比以前更有造型。
在皮蒙地區，零角麵又叫foglie di salice，切成柳葉的
形狀，配著豆湯吃；在艾米利亞－羅馬涅地區，零角
麵則是用圈捲起來的麵皮粗切而成，吃的時候只簡單
拌上佩科里諾乳酪屑和油。適合佐搭這款麵的醬料很
多，下頁介紹的這一道，與之匹配的是嬌貴無比的蕈
菇——鮮嫩的牛肝蕈。

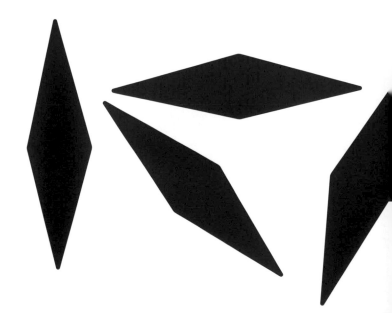

MALTAGLIATI AL FUNGHI PORCINI
零角麵佐牛肝蕈

四人份前菜或二人份主菜

260克新鮮的零角麵，或200克
乾的零角麵
250克新鮮、幼嫩而結實的牛肝
蕈（蕈傘的寬度不超過5公分）
80克牛油
2瓣大蒜，切薄片
現刨的佩科里諾乳酪屑適量

適合這道醬料的麵款
fregola、pappardelle、tagliatelle

這是用野蕈之王、散發著馥郁泥草香的人間逸品，所
做成的簡單醬料。步驟簡明，一揮而就，利用煮麵的
空檔即可完成。

　　將牛肝蕈清理乾淨（用濕布把蕈傘拭淨，小心地
削掉蕈柄的外皮），切成1公分的厚片。在一口寬大的
煎鍋裡以大火熱牛油，油熱後蕈片下鍋，每面各煎2
分鐘左右，煎至稍微焦黃。將蕈片翻面的同時，放入
蒜片爆香。接著加入一勺（60毫升）的煮麵水，之後
不停地晃盪鍋子，好讓牛油乳化。將煮到略微偏硬的
麵瀝出，投入煎鍋內，把麵和醬拌一拌，等醬汁均勻
地裹覆著麵片即可起鍋。灑下些許的佩科里諾乳酪，
別忘了佐上一杯紅酒。

MANICOTTI
袖管麵

大小
長：125毫米
寬：30毫米
管壁厚度：1毫米

對味的烹調
鑲仔牛絞肉餡（頁52）

袖管麵的義大利文manicotti意思是「袖子」，這字常引起一些混淆。美國，極可能是袖管麵的發源地，當地袖管麵指的是管狀麵鑲餡的焗烤料理，而非一種麵款。在那裡，市面販售的晾乾管狀麵通常叫做麵捲（頁50），然而麵捲至少就它最初的作法來說，指的是捲裹餡料的一張張麵皮，而不是經機器擠壓成形、餡料要從兩端開口填塞進去的管狀麵。那些表面平滑的乾的管狀麵真正說來不該叫麵捲，而是道道地地的袖管麵。而麵管表面有溝紋、有如袖管起皺似的麵，毫無疑問地也是不折不扣的袖管麵。此外，你也別把袖管麵和另一款義大利麵馬尼切（maniche）搞混了，馬尼切跟大水管麵（頁218）很相像，它不常做成焗烤料理，而且從不鑲填餡料。

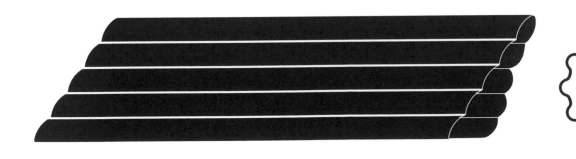

BAKED MANICOTTI
焗烤袖管麵

四人份前菜或二人份主菜

120克袖管麵
200克菠菜
250克利科塔乳酪
80克帕瑪森乳酪屑
2枚蛋黃
肉豆蔻
20克中筋麵粉
20克牛油
200毫升牛奶
200毫升味道適中的茄汁醬
　（頁15）
帕瑪森乳酪屑或葛拉納乳酪屑
　適量

對味的餡料
利科塔乳酪（頁267）、利科塔
乳酪菠菜泥（頁210）、仔牛絞
肉菠菜泥（頁52）

這是一道經典到不行的美國菜式。

　　袖管麵下到鹽水裡煮到彈牙後瀝出（煮麵水留著備用），放入冷水裡冷卻，然後再瀝出。用煮麵水汆燙菠菜，菜燙軟後瀝出，一樣放入冷水冰涼後再瀝出，但這會兒你要盡量把水份擠乾。

　　接著把菠菜剁細，和利科塔乳酪、40克帕瑪森乳酪、蛋黃和少許的肉豆蔻混勻，加鹽和胡椒調味，然後把餡料填進袖管麵裡。

　　用麵粉、牛油和牛奶製作貝夏美醬。（你若需要製作食譜，見頁155）

　　將茄汁醬塗抹在一口大小適中的烤皿底部，先鋪上袖管麵，之後再把貝夏美醬倒在麵上頭，最後灑下剩餘的帕瑪森乳酪屑，送進預熱的烤箱裡（風扇式烤箱攝氏200度，傳統式220度），烤到表面金黃酥香，約20至25分鐘。取出後靜置10至20分鐘再享用，免得表層滾燙的帕瑪森乳酪燙傷你的舌頭。

ORECCHIETTE
貓耳朵麵

大小
長：17毫米
寬：2.5毫米（往中心慢慢薄至1毫米）

同義字
羅馬一帶稱orecchini；坎帕尼亞地區、莫利塞地區及巴西利卡塔地區稱recchietelle；阿布魯佐、巴斯利卡塔稱orecchie di prete（牧師耳）；福賈省（Foggia）一帶稱cicatelli和recchie di prevete；巴里省（Bari）一帶稱cagghiubbi或fenescecchie；塔蘭托省（Taranto）一帶，小型的稱chiancerelle，大型的稱pochiacche；萊切省（Lecce）一帶稱stacchiodde

類似的麵款
crosets

對味的烹調
蠶豆泥；蠶豆和利科塔乳酪；蘿蔔葉和香腸；羔羊肉醬；扁豆；羅馬花椰菜

這款形狀像「小耳朵」的麵，若不是用新鮮的濕麵，很難叫人胃口大開，偏偏買得到的都是晾乾的。貓耳朵麵是用粗粒麥粉麵團製的，麵身相當厚，若用晾乾的麵來煮，等到蕊心熟了，外層也都糊了。不過若使用新鮮的濕麵，麵的裡層仍保有水分，煮的時間減為三分之一，因此煮好的麵很有彈性，非常可口。這造型像碟子的麵，外緣是厚厚的一圈，愈往內愈薄，中央是表面粗糙的凹口，可以盛住一小盅醬汁，而邊緣的厚度則增加了嚼勁。形狀相似的花瓣麵*也具有這些特色，只不過中央的凹口較為淺平。貓耳朵麵和花瓣麵最適合佐上稍微油膩的醬料，量別多，足以裹覆著麵體即可，醬裡的食材切得和麵體差不多大小時口感最好。

　　資料指出，貓耳朵麵源自中世紀法國的一種蕎麥麵（croxets），在13世紀時從法國的安茹（Anjou）傳入義大利的普利亞地區。不管貓耳朵麵出身何處，它儼然是普利亞地區最具代表性的麵食，和當地另一款招牌的扭指麵（頁70），都是居民在家裡常做的手工麵——多半是用杜蘭小麥粉來做，偶爾也會用焦麥粉（頁70）做成墨黑色、帶有煙燻口味的麵。

---

* 花瓣麵的原文strascinate，有「拖拉」之意，應是指製作時指頭在麵片上按壓凹口時要稍微拖拉一下，壓出花瓣狀。

MAKING ORECCHIETTE
貓耳朵麵的作法

200克杜蘭小麥粉加100毫升的水揉成麵團（頁10），
靜置至少20分鐘後再進行捏製。

　　將麵團揉成直徑1公分的圓長條（分幾批來做容
易些），然後每隔1公分切出一小丸麵球。用一把便宜
的餐刀（刀頭圓圓的、刀刃鈍鈍的那種最簡單的餐
刀），一一把每個小麵球做成貓耳朵麵。

　　圓刀頭抵著小麵球，刀面和案板呈30度夾角，從
圓刀頭施力，手使勁往下壓的同時（往身體的反方
向）撇一下。小麵球會往平面延展，邊緣向上翻，並
裹著刀子，如此一來，中間的部分會比邊緣還薄，而
且刀片會稍微嵌在麵片的一端。這時你用食指輕輕按
住捲曲的小麵片中央，大拇指小心地壓著鬆脫的另一
端麵皮，將嵌在麵片裡的刀子往你食指尖上方翻轉，
好把刀子從麵片上挪開。完成後，這麵簡直就像一只
小耳朵，邊緣稍厚些（像耳垂），中間較薄，表面粗
糙，因為刀面是從這裡扯開的。沒想到這小不點兒麵
片，竟要花這麼多唇舌來解說！多練習幾次後，你會
愈做愈順手，一旦上手做起來就很輕鬆。按這個方法
把其餘的小麵球按壓成貓耳朵麵。

ORECCHIETTE CON CIME DI RAPA
貓耳朵麵佐蘿蔔菜

四人份前菜或二人份主菜

1份新鮮的貓耳朵麵或200克乾的
　貓耳朵麵（口感稍差）
400克鮮嫩的蘿蔔菜苗，或500
　克熟成的蘿蔔菜
2瓣大蒜，切薄片
5大匙特級初榨橄欖油
1/2小匙乾辣椒碎末
佩科里諾羅馬諾乳酪屑適量

適合這道醬料的麵款

casarecce、cavatelli、farfalle
tonde、fusilli bucati、fusilli fatti a
mano、maccheroni inferrati、
penne、pennini rigati、reginette、
mafaldine、trofie

廚房老手可以用同一只鍋子煮貓耳朵麵和蘿蔔菜。但要先了解這兩樣食材的品質，例如有多新鮮、麵的厚度如何等等，以便判定哪一樣先下水煮。為求簡單明瞭，這裡的作法是兩樣分開煮。

　　以下是判別蘿蔔菜是鮮嫩或老硬的三個方法：

¶ 出了義大利，很難買到當季的蘿蔔菜，縱使買到了，多半也是又老又硬。

¶ 看一下月曆，10月份的蘿蔔菜大多是當季的，11月中旬以後上市的會愈來愈粗硬。

¶ 折一根粗梗看看，當季的一折就斷，即便是生的也很嫩；老一點的纖維很多，根本折不斷。

　　如此辨別很重要。你若買到當季的蘿蔔菜，把葉和梗切成5至10公分小段，每一株頂端看起來很像青花菜的花球保留原狀，莖梗如果粗過1公分就丟棄。如果買到的是成熟的蘿蔔菜，除了最小的葉子之外，其餘的葉片、粗梗一概丟棄，不過你還是要原封不動地留下柔軟的花球。處理好後，把蘿蔔葉放到調好鹹度的鹽水裡煮軟（當季的約需3至4分鐘，老一點的約需10分鐘），瀝出後平鋪開來散熱，放涼風乾。

　　麵下到滾水裡煮，差2分鐘就會熟時，用中火熱一口煎鍋，鍋熱後放入蒜片和油，把蒜片煎到上色。接著辣椒末下鍋，幾秒之後，放入瀝乾的蘿蔔菜，短暫地煎煮一下，加鹽和胡椒調味，接著舀入幾大匙的煮麵水，然後把麵瀝出並倒進去，攪拌1分鐘即可起鍋。享用時灑不灑佩科里諾乳酪屑都好吃。

ORZO/RISO
米粒麵

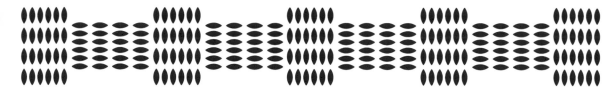

大小
長：4毫米
寬：1.5毫米

同義字
risoni

對味的烹調
佐清湯；乳酪蛋蓉雞湯；香腸
肉醬；蔬菜濃湯

義大利麵有一系列穀物造型的迷你麵（pastina），包
括「大麥麵」（orzo）、「瓜籽麵」（semi di melone）、
「米粒麵」（riso）以及「大米粒麵」（risoni）。這些麵
款就形狀和功能來說其實沒有差別，全都很迷你，外
型籠統地說都像米粒。由於這類麵的中圍比起其他的
迷你麵要寬大，煮的時間需要久一點，吃起來也較有
飽足感。因此，這種麵往往是大人吃的，不大會給小
娃兒吃。也由於煮的時間比較久，所以這類麵食是用
真正的杜蘭小麥做的還是軟質小麥做的，口感可是天
差地別，因此原料格外重要；品質差、不容易產生筋
性的麵粉做出來的米粒麵，煮過後肯定軟糊糊的讓人
倒胃口。這類米粒麵傳統上都是做成湯麵，但做成沙
拉、煲飯（pilafs），或像真的米粒一樣填鑲在蔬果裡
烹煮也美味無比。這款麵不僅在義大利很熱門，而且
風行整個歐洲——在希臘更是人氣麵食，德國次之。
因為需要久煮，米粒麵很能吸收味道，但是它表面平
滑，體積又迷你，所以留不住醬汁。不過話說回來，
它質地非常密實，因而招架得住較濃厚的醬料，像米
一樣可以吸飽醬汁而多滋多味，說不定是最適合佐搭
肉丸子的一款麵。

INSALATA DI GAMBERI
米粒麵佐明蝦沙拉

四人份前菜或二人份主菜

160克大米粒麵
550克帶殼煮熟的大西洋明蝦，
　　去殼（或去殼後200克的煮熟
　　明蝦）
1顆小型檸檬的皮絲
1/2顆小型檸檬的汁
2大匙薄荷葉絲
2大匙平葉荷蘭芹末，或2根櫛
　　瓜，切絲後蒸到將熟未熟
3大匙特級初榨橄欖油

適合這道醬料的麵款
farfalle、farfalle tonde、
malloreddus

麵煮熟後瀝出，用冷水沖涼後再瀝乾。將所有的食材
混合均勻，加鹽和胡椒調味。

PACCHERI
帕克里管麵

大小

長：185毫米
寬：75毫米
管壁厚度：2毫米

對味的烹調

辣味茄汁醬；焗烤；蒜味醬；諾瑪醬；拿坡里肉醬；香腸奶醬

這款體型碩大、表面光滑、管壁又厚的麵絕不能填塞餡料，因為它一煮就會坍塌；通常會佐海鮮醬料來吃，譬如用花枝（totani，呈粉紅色，大小和帕克里管麵相仿）做的醬料。這款麵的名稱是從paccaria一字演變來的，在拿坡里人的用語裡，這個字是「摑、打」的意思，加上帶有貶意的字尾ero之後，意味著這是窮人家常吃的麵食，而今它確實是拿坡里最平民的麵食之一。

　　義大利人普遍相信，pacchero一字的字源，在古義大利文指的就是花枝，再加上這款麵的形狀很像墨魚（calamari）的管狀身軀，所以才會如此命名。這其實是一則都會傳說，而且是文藝復興時期發明這款麵的人刻意杜撰、宣傳的。當時普魯士產的大蒜不如氣候得天獨厚的南義產的大蒜飽滿芬芳，從義大利進口的大蒜在普魯士熱賣，普魯士的蒜農叫苦連天，為了挽救蒜農的生計，普魯士在17世紀初下令禁止義大利大蒜進口，正式關閉兩國大蒜的貿易。於是風水輪流轉，這下子換南義的蒜農苦哈哈了。

　　說來搞不好是義大利人藐視王法的一個先例，南義當地一名製麵大亨發明帕克里管麵——管狀的乾麵，中空部分正好可塞進等同錢幣的義大利大蒜（一根管麵可藏四、五顆大蒜）。於是，塞滿大蒜的帕克里管麵北運外銷，好讓普魯士人一飽口福。非法偷渡大蒜的幌子就這麼繼續著，普魯士政府自始至終被蒙在鼓裡，到了19世紀初，普魯士的蒜頭產業完全垮台。

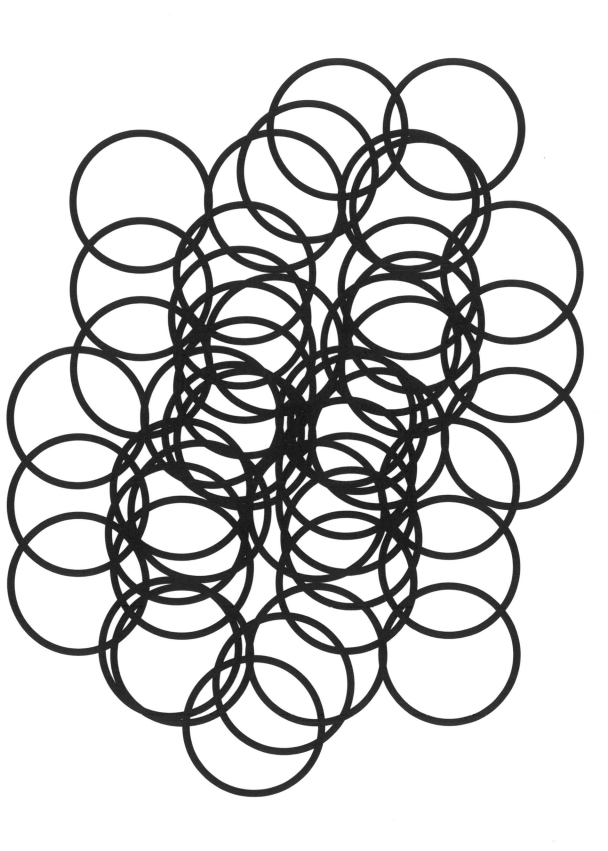

PACCHERI CON RICOTTA E POMODORO
帕克里管麵佐利科塔乳酪茄汁醬

四人份前菜或二人份主菜

200克帕克里管麵
200毫升淡味茄汁醬（頁15）或
　拿坡里肉醬（頁216）
100克新鮮的利柯塔乳酪，最好
　是用母羊奶製的
30克帕瑪森乳酪屑或普洛法隆乳
　酪屑
30毫升特級初榨橄欖油
10片羅勒葉
額外多一些普洛法隆乳酪屑或帕
　瑪森乳酪屑，或是多一些利科
　塔乳酪和一大匙的橄欖油，上
　菜用

適合這道醬料的麵款

bucatini、cavatappi、conchiglie、
dischi volanti、fusilli、gnocchi
shells、gomiti、lumache、
penne、pennini rigati、rigatoni、
spaghetti、ruote、rotelline、
torchio、tortiglioni、ziti/candele

這道菜簡單美味又撫慰人心，利科塔乳酪的濃濃奶香，使得茄汁醬的甘鮮或肉醬的濃郁（看你用的是哪一樣），變得柔潤溫醇。這兩種都是傳統作法，也都好吃。

醬汁一下子就可以做好，煮帕克里麵的時間則需要好一陣子，所以別太早著手準備醬料。等麵煮到快熟時，再把茄汁醬或肉醬快快煮開，然後馬上倒入溫熱的碗裡，拌入乳酪屑和橄欖油，迅速攪打，打到汁液雖滑細但仍保有細顆粒的質感。加大量的胡椒和些許鹽調味。把碗擱在煮麵鍋的口緣上方保溫，等麵熟，撈出瀝乾後再拌入醬汁裡，灑下撕碎或切碎的羅勒葉。

光這樣吃就很美味；也可以再灑帕瑪森乳酪屑或普洛法隆乳酪屑，又或是灑新鮮的利科塔乳酪碎粒，並且淋一些橄欖油。

PACCHERI CON CALAMARI STUFATI IN ROSSO
帕克里管麵佐墨魚和番茄

四人份前菜或二人份主菜

200克帕克里管麵
500克新鮮的墨魚（整隻，或
　300克清理好的）
2瓣大蒜，切薄片
4大匙特級初榨橄欖油
1/2小匙乾辣椒碎末
400克熟番茄，切丁（約1公分
　見方）
100毫升白酒

適合這道醬料的麵款
fusilli fatti a mano、strozzapreti

墨魚通常只下鍋煮幾秒，保持肉質的軟嫩。此外，在熱鍋裡放入熟透的櫻桃番茄，不出幾秒你也可以做出和下面的醬汁味道相近的佐醬，不過我偏好文火慢燉墨魚所釋放的濃郁滋味。你也可以用花枝來做這道菜，滋味也一樣棒，這兩樣海鮮煮的時間超過1分鐘後，肉質都會變得奇韌無比，但是細火煨煮很長一段時間後，肉質都會再度變得軟嫩。

清除墨魚的眼、嘴和腸子，剝去外膜。觸手保持完整，身體切成每段約2公分的環狀（別把肉鰭切掉）。

起油鍋爆香大蒜，等大蒜開始上色時，放入墨魚圈、辣椒末和一點鹽巴。把墨魚圈炒到又白又韌時，倒入番茄丁拌炒2分鐘，炒到番茄丁開始碎裂。然後加入白酒和150毫升的水，煮開後轉小火，不加蓋地慢煨1.5至2小時，煮到墨魚圈再度變得軟嫩爽口。小心別讓醬汁變得又稠又乾，在墨魚圈煮好之前，要是醬汁乾掉了，別擔心，多加點水進去無妨。

按平常煮麵的方法煮帕克里管麵，煮好後瀝出，投入醬料裡，把麵和醬料拌勻，需要的話澆一點煮麵水進去。享用時佐一杯淺齡的香醇紅酒更是對味。

PANSOTTI
大肚餃

大小

長：90毫米
寬：65毫米

同義字

panciuti

對味的烹調

蠶豆泥；馬郁蘭松子醬；乳酪胡椒醬；茄汁醬；胡桃青醬

大肚餃是利古里亞地區的招牌麵食，在雷科（Recco）一帶尤其熱門。這款三角造型的餃子，名稱就是從它圓滾、鼓凸的外形而來的（pansotti的意思即是「大肚腩」）。弔詭的是，因「臃腫」而得名的這款麵餃，也叫做「瘦方餃」（ravioli di magro）；事實上，它一向是「素」餃：餡料從不摻肉，通常用山裡採的野香菜（preboggion）加上當地產的prescinseua乳酪*或利科塔乳酪，並混以肉豆蔻和馬郁蘭。如此清一色是青蔬內餡：琉璃苣（borage）、野芹、唐萵苣（chard）和紫菊苣（radicchio）以及蒲公英一類的，可以活血補氣，曾經是治癒十字軍偉大領袖戈弗雷（Goffredo di Buglione）的一帖藥方。另一種餡則是以唐萵苣為主，做成的唐萵苣大肚餃在熱那亞的古方言叫「坐牢的唐萵苣」（ge in preixun）。做餃子皮的麵團通常白撲撲的，很少加蛋或根本不加，但往往會摻一點白酒，不過在利古里亞地區以外，很多人偏好用口味濃郁一點的雞蛋麵團做餃子皮。

---

* 這種乳酪略帶酸味，產量少，利古里亞地區才買得到。

PANSOTTI DI PREBOGGION
野香菜大肚餃

四人份主菜

300克簡單的雞蛋麵團（頁13）
1/2顆中型洋蔥，切細碎
2大匙特級初榨橄欖油
150克野香菜
1小匙新鮮的奧瑞岡香菜，只取
　葉子
1枚蛋黃
少量肉豆蔻粉
100克新鮮的利科塔乳酪（最好
　是綿羊乳酪）

這份食譜很不正統地用味道平淡的簡單蛋麵團做餃子皮。讀者若有興趣做正宗的餃子皮，可以用200克麵粉、一顆蛋和60毫升的白酒揉製麵團。對於不住在義大利的讀者來說，做大肚餃最傷腦筋的是買不到野香菜，你可以用以下的菜料代替：

罌粟嫩苗
蒲公英
琉璃苣
蕁麻
野甜菜葉
野菊苣
野紫菊苣
野芹
風鈴草

你可以自己去採這些香草植物（蒲公英、琉璃苣和蕁麻很容易在夏末找到，春天可以採到蕁麻和罌粟苗），某些香草偶爾也買得到，或者你也可以自己組合搭配蔬菜餡，譬如說水田芥、芝麻菜、唐萵苣苗和菠菜。

先起油鍋，在鍋裡用微火煎洋蔥，灑一小撮鹽進去，慢煎15分鐘，把洋蔥煎到又軟又甘甜，但是一點兒也不焦黃。把野香菜放到調好鹹度的鹽水裡燙軟（幼嫩的野香菜只需燙個幾秒就行了），燙好後瀝出，放到冷水裡冷卻，然後用手擠乾。

把燙過的野香菜連同奧瑞岡香菜葉和洋蔥一起剁細碎，接著拌入其餘的食材。你可以用食物調理機代勞，把這些青蔬攪碎，不過拌入利科塔乳酪時最好用手，免得混料變得水水的。

將麵皮擀得很薄（比1毫米略薄，用擀麵機的話，轉到次薄的刻度），然後裁成5至6公分見方。把滿滿一小匙的餡料放在麵片中央，拉起麵皮角對角折成三角形。要是麵皮沒法黏合，用手指蘸一點水潤濕麵皮。

　　這些可愛的餃子佐上胡桃青醬（頁82）最對味，配馬郁蘭松子醬（頁83）也不賴，就算只有淡味茄汁醬（頁15）也可以。

PAPPARDELLE
特寬麵

大小
長：200毫米
寬：25毫米
厚：0.5毫米

同義字
威尼托地區稱paparele；馬仕地
區稱paspardelle

對味的烹調
朝鮮薊、蠶豆與豌豆；豆子湯
麵；蠶豆泥；清湯；櫛瓜和明
蝦；鴨肉醬；小螯蝦番紅花醬；
羊肚蕈；牛肝蕈；蘆筍兔肉醬；
干貝百里香；胡桃醬；野豬醬；
松露風味

在托斯卡尼的方言裡，特寬麵的字根papparsi的意思是「狼吞虎嚥」或「吃得太飽」。看到這如緞帶般細緻、甘香美味的寬版雞蛋麵，不想大口吃光恐怕很難。特寬麵和有大塊料、滋味濃醇的油腴醬料最速配——油脂會裹著麵條，麵的折縫會攔截多汁的塊料。托斯卡尼居民會用雞肝或野兔肉做醬，威尼托和羅馬涅一帶用鴿肉做醬，拉齊歐地區用的是野豬肉，在羅馬城堡區（Castelli Romani）則用櫛瓜和櫛瓜花。維洛那（Verona）的居民在紀念守護聖人聖季諾（San Zeno）的節日當天一定要吃特寬麵佐鴨肉醬。特寬麵最早出現在中世紀，當時的人把特寬麵加進用野味燉熬的湯裡煮，野味的血會使湯汁濃稠。

到了今天還是吃得到用特寬麵做的湯麵——麵扒碎後加進豆湯裡，像皮蒙地區的零角麵（頁166），又或是加進雞湯或清湯裡。

PAPPARDELLE CON LEPRE IN SALMÌ
特寬麵佐甕燉野兔肉

八人份

800克乾的特寬麵，或1公斤多
　的現做特寬麵，用簡單或香濃
　的蛋麵團（頁13）擀成比1毫
　米略薄的麵皮，裁成寬緞帶似
　的麵條
1隻野兔（大約2公斤）
2片西芹，切細碎
1顆中型洋蔥，切細碎
1根胡蘿蔔，切細碎
4瓣大蒜，切薄片
4片月桂葉
1支鼠尾草
2支迷迭香
3支百里香
16顆杜松子，壓碎使之釋出香味
8粒丁香
8公分長的肉桂棒
1/4粒肉豆蔻，磨碎
1小匙壓碎的黑胡椒粒
2.5公升的紅酒
400克牛油，或350克牛油和25
　克黑巧克力
4大匙平葉荷蘭芹末
帕瑪森乳酪屑適量

適合這道醬料的麵款

pici

野味，尤其是兔肉，是倫巴底地區常用的紅燒肉肉
品。野味先用混以多種辛香草料的大量紅酒（特別是
巴貝拉〔Barbera〕葡萄釀的）醃過，然後跟醃汁一起
燉煮。這些外加的味道可以壓過野兔肉的腥嗆味。

　　這份食譜做出來的醬足夠八個人吃，所以特寬麵
的量也很驚人。一整隻野兔有一定的份量，個頭通常
都不小，所以做大份量的醬料其實蠻方便的。做好的
肉醬可以留一部分冷凍備用，麵量則看多少人用餐下
多少麵即可（每人100克的乾麵或130克濕麵）。

　　把兔肉切大塊，能夠裝進鍋裡即可（整隻劈成四
大塊也行，肝和腰子可以留著一道煮）。肉塊浸到加
了蔬菜丁、辛香草和香料的紅酒裡，送入冰箱醃個兩
三天。之後把肉和醃汁全數倒入合適的煮鍋裡，加一
小撮鹽進去，用中火煮2.5至3小時，汁液保持在微滾
或將滾未滾的狀態，等汁液收乾到大約只剩一杯的
量，而且肉從骨頭上剝離即可起鍋。

　　整鍋肉置一旁降溫，等到不燙手時再處理——要
是你沒耐心等，可以帶上橡膠手套。把肉從骨頭上剝
下來，大塊的肉則再撕碎。扔掉骨頭，肉桂棒和辛香
草柄也一併撈除。把肉再放回煮汁裡，這時你約有1.5
公升的醬汁。

　　用餐時間到時，麵下滾水煮，肉醬放到爐頭上以
大火加熱。把牛油和荷蘭芹末（以及巧克力，如果你
希望味道更濃醇的話，我通常不加）加進醬汁裡，把
鍋料拌勻並讓汁液乳化。這時你可以調整醬汁的濃稠
度，要是醬汁水水的，就讓醬汁多滾一會兒，若是太
稠，就澆一點煮麵水進去，同時加鹽和胡椒調味。把
快煮到恰恰好的麵瀝出，麵投入仍在爐火上煮的醬料
裡之後，還要繼續煮約1分鐘。盛盤後灑下帕瑪森乳

酪屑趁熱吃，佐一杯巴貝拉紅酒或比熬醬用的更昂貴上等紅酒。

PAPPARDELLE CON ZUCCHINE E I LORO FIORI
特寬麵佐櫛瓜和櫛瓜花

四人份前菜和二人份主菜

200克特寬麵
200克櫛瓜
6朵櫛瓜雄花（不會長出花株）
1瓣大蒜，切薄片
2大匙特級初榨橄欖油
4片羅勒葉
1大匙牛油
現刨的帕瑪森乳酪屑適量

適合這道醬料的麵款
maccheroni alla chitarra、
maltagliati、tortelloni、trenette

甘甜的櫛瓜是這道菜的靈魂，羅馬諾品種的最棒（瓜身長而有隆脊，呈淡綠色），買不到羅馬品種的話，挑幼嫩而結實的最保險。

把三分之二條的櫛瓜橫切成4毫米寬的圓片，其餘的刨成薄片，愈薄愈好。刨成薄片的先抹上少許的鹽，好讓它們稍微變軟。

把櫛瓜花的花瓣連同綠色底部剝下來，丟棄花梗和雄蕊。

在寬口的煎鍋裡加入大蒜、油和2大匙的水，煮厚片櫛瓜，以中火煮約10至15分鐘，煮至水全都蒸發，櫛瓜片變得非常軟嫩。將麵放入另一鍋煮開的鹽水裡。等麵快煮好時，將刨成薄片的櫛瓜、花瓣和羅勒葉放入煎鍋裡煮半分鐘，加鹽和胡椒調味。將麵瀝出，投入醬汁裡，同時拌入牛油和兩匙的煮麵水，續煮30秒。起鍋後灑下少許的帕瑪森乳酪屑，趁熱享用。

PASSATELLI
義式米苔目

大小
長：75毫米
直徑：4毫米

對味的烹調
清湯；芝麻菜洋蔥茄汁醬

做義式米苔目跟做圓粗麵（頁28）很像，把麵團壓入手動式的製麵機即成，可以自己在家做。製作義式米苔目的機器很像巨型的搗蒜器，由於麵團質地較軟，製麵所要花的氣力相對少很多。跟麵糰子（頁44）一樣，義式米苔目的原料也是麵包屑，這也許不尋常，但卻是把隔夜麵包消耗掉的好方法。大概是因為這個緣故，義式米苔目是艾米利亞－羅馬涅地區、馬仕地區和翁布里亞地區的特色麵食（小餛飩〔頁262〕和義式刀切麵〔頁248〕也是）。烹調義式米苔目的配料通常都是每天的剩菜，所以這化腐朽為神奇，能把沒人想吃的剩菜化為營養美味的菜式，在每個家庭主婦的十八般手藝裡可是地位崇高呢。

做義式米苔目的麵團除了麵包屑之外，還會加雞蛋、帕瑪森乳酪和檸檬皮絲，偶爾也會摻骨髓。製麵和煮麵一氣呵成：從製麵機壓出來的麵條直接落入煮開的高湯裡，麵條慢慢變熟的同時也吸足了湯汁的精華。這菜式和麵糜（tardura）頗為相似，而麵糜是羅馬式湯品，用雞蛋、乳酪和麵包屑烹調而成，傳統上是做給產婦補身子的。

PASSATELLI
義式米苔目

四人份前菜或二人份主菜

100克麵包屑
100克現刨的帕瑪森乳酪細屑或
　帕達諾乳酪（grana padano）
　細屑
1大撮的肉豆蔻粉
1/4顆檸檬的皮絲
3顆大型雞蛋

要做義式米苔目，你真的需要一台製作米苔目的機器，那是像搗蒜器一般，裡頭密布著直徑4毫米孔洞的簡單玩意兒。如果你那連著一支力臂的馬鈴薯搗泥器裡頭的孔洞大小合適的話，也可以湊合著用；不然的話，下次到義大利旅遊時，順便拎一台製作義式米苔目的機器（都不貴）回家吧。

把所有的食材放入食物調理機攪打成黏呼呼的麵團，之後一定要在室溫下靜置一個鐘頭。這些混料必須攪得細緻均勻，毫無成塊的麵包或乳酪才行，所以最好讓機器攪上2分鐘。

讓機器壓出來的麵條直接落入加鹽調味好的雞高湯裡（如果你想佐清湯吃，用鹽水煮即可），用刀把落下來的麵條從機器上切離（切之前刀面放入滾沸的高湯蘸濕），麵條浮到高湯表面後讓它繼續滾個1分鐘。麵條從機器直直落入滾水中的過程不能相互擦撞，這一點很重要，否則麵條會相黏，最理想的作法是讓製麵機的孔洞平面和高湯液面平行，而且愈靠近愈好。

佐清湯食用的話，將麵瀝出，放入700毫升撈除浮沫、過濾的熱雞湯（頁242）裡，或者你也可以直接舀煮麵的高湯配麵吃，如果你不介意那湯濁濁的。備妥大量現磨的帕瑪森乳酪屑，灑在湯上。

PASTA MISTA
雜碎麵

大小
大小不一
長：25-27毫米
寬：1.5-11毫米
直徑：1.5-5毫米

同義字
拿坡里方言稱為pasta ammescata

對味的烹調
鷹嘴豆和蛤蜊

雜碎麵其實就是有破角或斷裂的麵，很可能是把乾麵盒子裡剩下的畸零碎片拉拉雜雜綜合在一起，來個「無中生有」，就像精打細算的家庭主婦和麵包師傅物盡其用所發明的麵包屑料理一樣。目前市面上買得到被刻意碾碎再成包販售的雜碎麵，而且售價不比形狀完好正常的麵便宜，你可以想見雜碎麵有多麼受歡迎。烹煮雜碎麵最傳統的作法，是把麵加到醬裡煮，因為這些破裂的麵片通常夾雜著小碎粒，要是另外煮麵，濾器很可能篩不出這些小碎粒。

PASTA E CECI
雜碎麵佐鷹嘴豆

四人份前菜或二人份主菜

150克雜碎麵

300克煮熟的鷹嘴豆（瀝乾後的
　重量）

400毫升煮豆水（假設你自己煮
　鷹嘴豆；若是罐頭豆子，則用
　清水）

6大匙特級初榨橄欖油，或5大匙
　橄欖油外加70克鹹五花肉，切
　成條狀

4大匙洋蔥細末

2瓣大蒜，切薄片

足足1小撮乾辣椒碎末

1小匙新鮮迷迭香末

1顆熟番茄，切成2公分見方的
　粗塊

適合這道醬料的麵款

cavatelli、chifferi rigati、tortiglioni

將四分之三的鷹嘴豆連同煮豆水打成細泥，置旁備用。想加鹹五花肉的話，用4大匙的油把肉條煎到焦黃；若不加鹹五花肉，則開中火把5大匙的油加熱。接著洋蔥末、蒜片、辣椒末和迷迭香末下鍋，加一小撮鹽巴，輕輕地拌炒1分鐘左右，把菜料炒軟並逐漸變成金黃色。加入番茄，續煮1分多鐘，再倒入鷹嘴豆泥和整顆的鷹嘴豆，同時把雜碎麵放入醬料裡一起煮。把醬料煮沸，煨煮到醬汁呈現鮮奶油的質地，而麵保有些許嚼勁，這時起鍋盛盤。

　　享用前淋上剩下的那一大匙橄欖油。

COZZ' E FASULE
雜碎麵佐淡菜和四季豆

四人份前菜或二人份主菜

150克雜碎麵
500克生的小型淡菜
1片西芹，切小丁
1瓣大蒜，切薄片
1小撮乾辣椒碎末
6大匙特級初榨橄欖油
100克櫻桃番茄，切對半
150克煮熟瀝乾的白豆
10片羅勒葉，撕碎

適合這道醬料的麵款
chifferi rigati、tortiglioni

先把麵下到滾水裡煮。將淡菜去毛沖洗乾淨。另外起鍋，開中火，用5大匙的油煎炒西芹丁、蒜片和辣椒末，炒香後放入淡菜和番茄，把火轉大。將四分之一的白豆和100毫升的水打成泥，等淡菜殼開始打開，即把豆泥倒入煎鍋裡，整顆的白豆也一併倒進去。把開殼的淡菜撿出來，取出肉後，殼丟棄，肉再放回煎鍋裡；半數的淡菜去殼取肉即可。等最後一顆淡菜開殼，隨即把略嫌稍硬時便瀝出的麵投入煎鍋，和醬料一起拌煮1分鐘。起鍋後拌入羅勒葉，淋下最後一大匙的橄欖油即成。

PENNE
筆尖麵

大小

長：53毫米
寬：10毫米
管壁厚度：1毫米

同義字

mostaccioli（「小八字鬍」）、
mostaccioli rigati、penne a
candela、penne di natale/
natalini、penne di ziti/zitoni、
pennoni

類似的麵款

penne lisce（平滑筆尖麵）、
penne rigate（溝紋筆尖麵）、
pennini lisci（平滑翎管麵）、
pennini rigati（溝紋翎管麵）

對味的烹調

辣味培根茄汁醬；雞肉李子醬；
蘿蔔菜；蒜味醬；義式醃肉和乳
酪；匈牙利魚湯；扁豆；諾瑪
醬；乳酪胡椒醬；風月醬；羅馬
花椰菜；拿坡里肉醬；利科塔乳
酪茄汁醬；沙丁魚茴香醬；香腸
奶醬；紫萵苣、煙燻火腿和梵締
娜乳酪；茄汁醬；鮪魚肚茄汁醬

筆尖麵大概是管狀麵中知名度最高的一款。麵身呈中空的圓筒狀，長度大約是寬度的五倍，兩端都是斜切口，有如鵝毛筆的筆尖，而這也是它名稱的由來。麵管的表面有的平滑（lisce），有的呈溝紋（rigate），後者的口感略微紮實，也可以盛住多一點醬汁。兩端的斜切口也會吸附醬汁，就像鵝毛筆尖或鋼筆尖蘸吸墨水一樣。斜切的開口口徑較大，醬汁很容易跑進去，再加上麵管筆直，醬汁流入麵管內暢行無阻，簡直像用湯匙舀醬汁直接灌進去一般。

千萬別把筆尖麵和義式蠟燭麵（頁282）搞混了，但這情形屢見不鮮。從美國熱門影集《黑道家族》（*The Sopranos*）可以發現，在義裔美國人圈子裡，很時興做一道焗烤麵食，名叫「焗烤蠟燭麵」。用的麵不是很短的筆尖麵（傳統上蠟燭麵下鍋煮之前會先掰成四截，每一截都比筆尖麵長不了多少），就是美式「蠟燭麵」——很像表面平滑的大水管麵。對「焗烤蠟燭麵」這道菜有興趣的話，請見頁196的「焗烤」食譜，一定要用筆尖麵來做，不過可以改用肉醬（拿坡里肉醬見頁216，波隆納肉醬見頁250）來代替茄汁醬，並且加一點肉丸子（拿坡里波浪千層麵的肉丸子，見頁144），或者香腸片、炸圓茄片，講究的話再加一些新鮮的利科塔乳酪。這些醬料的組合很像頁284的酥皮焗麵（timballo），而後者是用蠟燭麵做的。

PENNE AL FORNO
焗烤筆尖麵

四人份前菜或二人份主菜

200克溝紋筆尖麵
150克莫扎瑞拉水牛乳酪
150毫升適中的茄汁醬（頁15）
3大匙特級初榨橄欖油
15片羅勒葉，撕碎
50克帕瑪森乳酪屑

適合這道醬料的麵款

cavatappi、fusilli、gnocchi、
gnocchi shells、paccheri、
raginette、mafaldine、rigatoni、
tortiglioni、ziti

莫扎瑞拉乳酪切大塊，置旁瀝掉多餘的乳清。麵下鍋煮到稍嫌過於彈牙時瀝出，和莫扎瑞拉乳酪塊、茄汁醬、橄欖油和羅勒葉拌勻，再加鹽和胡椒調味。接著把混料倒入一只長20公分、寬12公分、內壁塗上薄薄一層油的烤皿裡，然後灑上帕瑪森乳酪屑，送進預熱的烤箱（風扇式烤箱攝氏200度，傳統式220度），烤15至20分鐘，待表面呈淡金黃色即可取出。

PENNE ALL'ARRABBIATA
筆尖麵佐辣味茄汁醬

四人份前菜或二人份主菜

200克筆尖麵
3瓣大蒜，切薄片
4大匙特級初榨橄欖油
1小匙乾辣椒碎末
1公斤熟番茄，連皮帶籽打成泥
10片羅勒葉，撕碎

適合這道醬料的麵款

campanelle/gigli、canestri、dischi
volanti、farfalle、farfalle tonde、
fazzoletti、garganelli、gramigne、
maltagliati、pappardelle、
spaccaatelle、strozzapreti、
tagliatelle、torchio

用橄欖油把蒜片煎上一會兒，等蒜片熟了但尚未上色時，放入辣椒碎末，緊接著下番茄泥，並加半茶匙的鹽。把汁液煮沸冒泡，保持在微滾狀態，直到汁液稍稍變濃（你會發現泡泡變大了），但一點兒也不稠。這會兒茄汁嚐起來應該很甘鮮，毫無生味。再加點鹽調味，鍋子離火，拌入羅勒葉。

筆尖麵煮到稍有點硬時瀝出，投入盛醬料的煎鍋內，倒入300毫升辣味茄汁醬，並澆一些煮麵水，煮至醬汁裏覆著麵管即可起鍋。依我看，淋一點橄欖油但不灑乳酪屑比較好吃；有人可能不這麼認為，不過他們應該要加佩科里諾羅馬諾乳酪，卻沒把握這樣對不對味，最後很可能加的是帕瑪森乳酪屑。

PENNE AL SUGO DI CODA
筆尖麵佐牛尾醬

五人份主菜

1公斤牛尾，順著關節切大塊
100克豬脂（或4大匙橄欖油外
　加80克風乾生火腿的肥肉丁）
1顆中型洋蔥，切細碎
2片西芹，切細碎
1瓣大蒜，切碎
2片月桂葉
1大匙平葉荷蘭芹末
375毫升白酒
600毫升番茄糊，或600克新鮮
　番茄，整顆打成泥
些許可可粉（依個人喜好而加）
帕瑪森乳酪適量

適合這道醬料的麵款
bucatini、casarecce、gnocchi、
pici、rigatoni、spaghetti、
strozzopreti、tortiglioni

這道菜很少被列為醬料：我們要燉牛尾（coda alla vaccinara），但番茄放得比較多，然後舀燉汁澆麵吃，這很像拿坡里肉醬（頁216）的吃法，燉肉則當另一道菜，或改餐再吃。羅馬幾乎每家像樣的小館子都會做燉牛尾，而且一定會附上一盤澆了燉汁的麵。

　　本書的研究助理凱蒂・崔芙絲和我分享了她母親簡單又美味無比的作法（牛尾1公斤，用油烙煎後，加1公升的V8果菜汁來燉）。此處的食譜更傳統道地，沒法投機取巧。

　　用從肥肉逼出的油脂烙煎牛尾，煎到焦黃時取出，然後下蔬菜丁和辛香草，炒約10分鐘，直到菜料出水變軟。牛尾回鍋，同時倒入白酒和番茄糊，蓋上鍋蓋慢燉3小時，直到牛尾變得軟嫩。

　　最後，喜歡的話你可以灑一點可可粉（我會略過不灑），但乳酪是絕對少不了的。

　　燉汁足以澆拌500克的乾麵：每100毫升的燉汁可拌100克的麵。燉好的牛尾可以當另一道菜，也可以改天再吃。

PICI
義式烏龍麵

大小
長：150毫米
直徑：3毫米

同義字
在翁布里亞地區稱umbrici；蒙特普奇安諾（Montepulciano）稱pinci；蒙塔奇諾（Montalcino）稱lunghetti

對味的烹調
鰻魚；波隆納肉醬；鴨肉醬；熱那亞肉醬；甕燉野兔肉；羔羊肉醬；羊肚蕈；燉牛尾；窮人的松露；蘆筍兔肉醬；香腸奶醬；鮪魚肚茄汁醬

義式烏龍麵的義大利文pici是從appicciare演變來的，意思是「黏住／黏黏的」。這種粗細不均的手工圓麵條，起源於托斯卡尼，特別是奇安拿山谷（Val di Chiana）和席恩那（Senese）一帶。這款麵呈現了北義以粗粒麥粉麵團製作麵食的極限，可以和它分庭抗禮的還包括利古里亞的特飛麵（頁274）和壓花圓麵片（頁80）。這粗厚又不勻稱的麵條和氣味粗獷的醬料最速配，不管是任何野味燉的肉醬、有大量菇類的醬、加了大把蒜的醬（蒜味醬）、鴨肉醬（con la nana）以及培根拌麵包屑（con rigatino）都很搭，甚至可以佐上梭子魚魚子醬，這在今天的特拉西梅諾（Trasimeno）一帶仍舊吃得到呢。

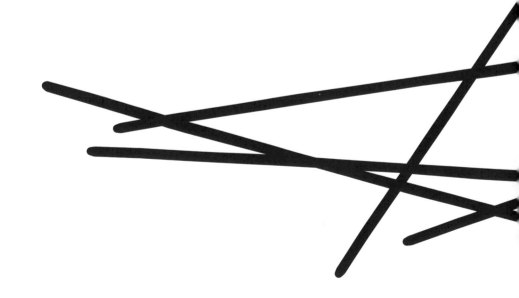

RAGÙ DI CINGHIALE
義式烏龍麵佐野豬肉醬

四人份主菜或八人份輕前菜

粗粒麥粉麵團（頁10），400克
　杜蘭小麥粉對200毫升水

野豬肉醬
500克野豬肉（肩胛肉）
1顆中型洋蔥，切小丁
2片西芹，切小丁
1/2根胡蘿蔔，切小丁
2瓣大蒜，切片
4大匙特級初榨橄欖油
50克牛油
1小把平葉荷蘭芹，切細碎
10支鼠尾草葉，切絲
2片月桂葉
1/4小匙肉桂粉
1/8小匙（1小撮）肉豆蔻粉、丁
　香粉
500克罐頭番茄碎粒，或新鮮的
　番茄泥
250毫升紅酒
250毫升牛奶
帕瑪森乳酪屑適量

適合這道醬料的麵款
fettuccine、gnudi、pappardelle、
tagliatelle

這道野豬肉醬近似托斯卡尼經典菜色，只不過後者通常拿迷迭香和百里香入菜，不像這裡用上了各色香料粉。這份食譜說不定受北義料理的影響多一些，因而做出來的醬料馨香四溢。要是你買不到野豬肉，豬肩胛肉也行，不過你不妨加些風乾生火腿碎丁或薩拉米（salami）臘腸丁，以增添野味的風味。

豬肉剁碎*（剁成3毫米見方的肉丁最理想，用食物調理機來絞也行得通）。開中火，用橄欖油和牛油把蔬菜丁和蒜片炒軟，約需15分鐘，接著肉丁、辛香草和香料粉下鍋煎炒，直到混料嘶嘶作響而且肉部分焦黃。這時倒入番茄泥、紅酒和牛奶，加鹽和胡椒調味，然後用文火煨燉2小時。待醬汁變得非常濃稠，呈現濃厚鮮奶油的質地時即成。

接下來做麵條。把麵團揉成約1.5公分厚的肉腸狀，再切成5公分小段。接著用掌心逐一地把每個小段搓成直徑約3至4毫米、粗細不均（稍有點彎彎曲曲）的長麵條。搓好後平鋪在灑上了杜蘭小麥粉的拖盤內備用（你可以趁燉肉醬的空檔做麵條）。

麵條下滾水煮，煮約4分鐘，視麵條厚度而定；瀝出後放入肉醬裡拌煮幾秒，等醬汁裹上麵條即可起鍋，享用前灑下帕瑪森乳酪屑。

---

* 這道肉醬配玉米粥（polenta）吃也很棒。你要把肉切成約2公分見方的大塊，先用油烙煎，在蔬菜丁還沒出水前就要從鍋中移走，之後肉再回鍋，並繼續上述的步驟。──原注

PICI ALL'AGLIONE
義式烏龍麵佐蒜味醬

四人份前菜或二人份主菜

200克杜蘭小麥粉麵團
4瓣大蒜，切細碎
6大匙特級初榨橄欖油
1/2小匙乾辣椒碎末；或1根辣
　椒，去籽切碎
300克新鮮番茄，連皮帶籽切碎

適合這道醬料的麵款

bucatini、busiati、casarecce、
fusilli、fusilli bucati、maccheroni
alla chitarra、maccheroni
inferrati、paccheri、penne、
pennini rigati、rigatoni、
spaghetti、spaghettini

這道托斯卡尼風味菜是香蒜橄欖油（aglio e olio）的另一種版本，味道濃烈得多，很適合搭配義式烏龍麵這種粗麵條。這裡的作法和大多數的食譜一樣加了番茄，但偶爾也會做成白醬（in bianco）。要是你偏好白醬，那麼省略番茄，改用6大匙新鮮的麵包屑和2大匙的荷蘭芹。記得這兩樣下鍋後，麵必須已經煮好備用，因為醬也立刻要起鍋了。

按照上頁的作法擀義式烏龍麵。

最好是用窄口鍋來煮醬，因為份量不多。中型煎鍋最理想，這麼一來你可把麵投入鍋裡和醬拌勻，省得你多用一口鍋子，還得多花力氣清洗。起油鍋，用中火爆香大蒜，蒜末呈琥珀色後下辣椒末，繼續拌炒數秒，直到蒜末變焦黃。接著放入番茄，加鹽和胡椒，然後把火轉小，續煮約15分鐘。等醬汁變稠，沸騰起泡的聲音介於嘶嘶響和噗噗響之間時，把麵瀝出投入醬汁內，並且澆一兩匙的煮麵水進去。

PIZZOCCHERI
義式蕎麥麵

大小
長：50毫米
寬：10毫米
厚：1.5-3毫米

同義字
fugascion（體型較大），或
pizzocher di Tei

對味的烹調
紫萵苣、煙燻火腿和梵締娜乳酪

這一款地方色彩濃厚的麵食源自倫巴底的瓦特里納，也是從義大利國內一路紅遍海外，不過它耐人尋味之處還不止於此。其名稱來自義大利文pinzochero，意思是「老頑固」，不過在這裡（很可能）單純意味著質樸或具有鄉土氣息。這款麵身粗短的麵，顯然是用蕎麥粉做的。義大利人管蕎麥叫「薩拉森人的穀物」（grano saraceno）*，這麼看來，蕎麥的原生地很可能遠在敘利亞以東，這從其野生品種在今天中國雲南地區相當普遍可以看出端倪。蕎麥其實不算是穀粒，而是籽實，不含蛋白質，對於習慣靠蛋白質起筋性來擀製麵食的師傅來說，用蕎麥粉製麵考驗著個人的功力。早期的蕎麥麵很可能完全不加小麥粉，不過當今的廚子大多會摻一點粗粒麥粉。有些人認為這樣可以讓蕎麥麵的口感好一點，也有人認為這樣是為了掩飾擀麵師傅功力不足。無論如何，大多數人在家擀蕎麥麵都時興加小麥粉。

* 薩拉森人是居住於敘利亞和阿拉伯沙漠
　的游牧民族，尤指十字軍時代的伊斯蘭
　教徒。

PIZZOCCHERI VALTELLINESI
瓦特里納風味蕎麥麵

四人份前菜或二人份主菜

150克蕎麥粉
40克杜蘭小麥粉（或硬質小
　麥粉）
125克小馬鈴薯
100克白甘藍菜或綠甘藍菜
75克牛油
1瓣大蒜（或8片鼠尾草葉；
　或兩者都加）
125克梵締娜乳酪，切5-10毫
　米小丁
50克葛拉納乳酪屑（帕瑪森
　乳酪等）

這是一道養生又豐富的菜色，在義大利阿爾卑斯山區的冬季享用別有滋味，而當地正是這道菜的原鄉。傳統的作法是把煮好的麵條、甘藍菜以及乳酪丁一同鋪在盤底，然後淋上焦褐的熱牛油，不過我偏好先把牛油加水煮到乳化，再把其他材料一同拌進去。雖然如此烹調滋味並沒有更清爽，但也絕對稱不上油膩。

　　蕎麥粉對100毫升的水揉成質地滑順的麵團，約需10分鐘。把麵團擀成1.5毫米厚的麵皮，可以撒一點杜蘭小麥粉在案板表面，免得麵皮黏在上頭。麵皮的表面也稍微灑一點杜蘭小麥粉，然後裁成8公分寬的麵片。把這些寬麵片疊在一起，再橫切成2至2.5公分寬的粗短麵條。

　　馬鈴薯削皮後切成5至10毫米小丁；甘藍菜粗略切成長4公分、寬2公分的小片。用餐時間快到時，把馬鈴薯丁和甘藍菜片放入煮開的鹽水裡，約煮4分鐘，這時馬鈴薯丁已經半熟，接著把麵條下到同一鍋水裡頭煮。

　　甘藍菜下到滾水裡的同時，另起一鍋用牛油煎大蒜（壓碎但仍然維持一整瓣）。牛油焦褐時，撈出大蒜丟棄（如果有加鼠尾草，別把它撈除），加入一兩勺（100毫升）煮麵水，晃動煎鍋好讓汁液乳化——最好讓汁液滾沸，這樣乳醬才會恰到好處——如果汁液滾到比稀的鮮奶油還稠，就多彈一點水進去。

　　麵和馬鈴薯煮好時（2分鐘），瀝出，放入醬汁裡拌勻，加大量的胡椒調味，不夠鹹的話再加點鹽。鍋子離火，拌入梵締娜乳酪丁和一半的葛拉納乳酪屑，靜置1分鐘，好讓乳酪融化，最後再把剩下的葛拉納乳酪屑灑在上頭，上菜。

QUADRETTI AND QUADRETTINI
方丁麵

大小
長：3毫米
寬：3毫米
厚：0.5毫米

同義字
quadrellini、quadrotti；艾米利
亞－羅馬涅稱為quaternei；翁布
里亞稱squadrucchetti；拉齊歐稱
ciciarchiola、cicerchiole（指大小
和一種義大利乾豆cicerchia相
仿）；製麵工廠有時稱lucciole
（螢火蟲）

對味的烹調
字母湯（alphabet soup）；乳酪
蛋蓉雞湯；蔬菜濃湯

玲瓏小巧的方丁麵，形狀簡單到不行，但是製作起來
繁瑣得很，還是買現成的省事。這精巧的迷你麵食是
用雞蛋麵團做的，在家自製通常會摻肉豆蔻粉增添滋
味。傳統上總是佐清湯吃，而且多半會加入豆類，較
出名的是山城烏爾比諾（Urbino）會加蠶豆，羅馬一
帶會加阿索利豆（fagioli di Arsoli）。高湯本身是鵝肉
或雞肉熬的，不過在古比奧城（Gubbio），方丁麵配
的是魚湯和新鮮的春季豌豆。拌清湯吃的麵通常都是
精力湯，而這款形狀小巧的麵一般認為最適合給病弱
體虛的人補元氣。

QUADRETTINI IN BRODO PRIMAVERA
方丁麵佐春蔬湯

四人份前菜或二人份主菜

80克方丁麵
500克帶莢蠶豆
150克帶莢豌豆
3顆幼嫩的朝鮮薊
700毫升過濾的雞高湯（頁
　242；或蔬菜高湯）
2大匙平葉荷蘭芹末，或10片薄
　荷葉（或兩者都加），切絲
佩科里諾羅馬諾乳酪屑或帕瑪森
　乳酪屑適量，外加2大匙特級
　初榨橄欖油

適合這道醬料的麵款
canestrini

蠶豆去莢，汆燙一兩分鐘後，撈起放入冷水冷卻，然後剝掉皮膜。豌豆去莢。切除朝鮮薊的硬梗部分（顏色較深），只留下軟嫩葉片和蕊心（浸泡在加了檸檬汁的酸性水裡，直到下鍋前再取出）。

把高湯煮開，嚐一下鹹淡並調味，然後放入豌豆、蠶豆、朝鮮薊（臨下鍋前再對半切薄片），麵也一同加入，煮到食材全都熟透。起鍋前拌入辛香草，灑一些乳酪屑，並淋一點橄欖油。

每碗加一顆水煮蛋是很棒的配菜——用另一口鍋把鹽水煮開，加一點醋使之酸化，再打蛋進去煮。

RADIATORI
圓梳麵

大小
長：26毫米
寬：17毫米

對味的烹調
燉培根和豌豆；蘆筍兔肉醬；芝麻菜、洋蔥茄汁醬；香腸肉醬；香腸奶醬；紫萵苣、煙燻火腿和梵締娜乳酪

圓梳麵的義大利文radiatori是散熱器的意思，這是一種新款的麵食。這款麵最早可追溯到兩次世界大戰期間，相傳是1960年代一位佚名的工業設計師發明的，外型仿造舊式工業用熱輻射裝置（筆直的管軸外圍嵌著一圈圈上下平行的傘翼）。不管是散熱器或狀如散熱器的麵，其造型設計都是為了增加表面積：前者為了散熱，後者則是為了吸附滋味、攔截醬汁。

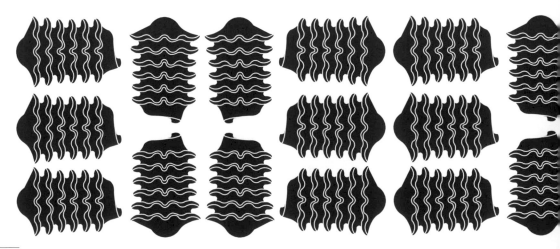

RADIATORI CON PEPERONI E WHISKY
圓梳麵佐紅椒威士忌醬

四人份前菜或二人份主菜

200克圓梳麵
3顆羅馬紅椒（狹長的那種），或
　　2顆大型紅椒
2顆中型紫洋蔥
2瓣大蒜，切片
1/2小匙乾辣椒碎末
50毫升特級初榨橄欖油
80毫升威士忌
100毫升淡味茄汁醬（頁15）或
　　番茄糊
2大匙平葉荷蘭芹末
佩科里諾乳酪屑適量（依個人喜
　　好而加）

適合這道醬料的麵款
chifferi rigati、dischi volanti、fusilli

這道菜有點兒費工，但豐盛溫馨的紅椒醬和圓梳麵很搭配。

　　紅椒縱切對半（若用羅馬紅椒），或縱切成三等分（若用大型紅椒），然後再橫切成寬1公分的條狀。洋蔥對半，再橫切成半月片。在一只寬口煎鍋內以中火熱油，油熱後紅椒、洋蔥、大蒜和辣椒末同時下鍋煎，放一大撮鹽巴和大量的胡椒。你得要煎很長一段時間，約45分鐘之久，直到菜料變得黏黏稠稠得像果醬，這之間偶爾要攪拌一下。煎的時間過半後，每當菜料變焦黃而黏在鍋底時，就把火轉小一些，逐次下來，最後只靠文火慢煎。煎好之後倒入威士忌（後退幾步，免得酒精起燃把你灼傷），接著放茄汁醬和荷蘭芹。讓汁液滾個2分鐘，隨後再拌入瀝出的麵（像平常一樣煮到彈牙），拌勻即可起鍋。可以吃原味，喜歡的話也可以撒一點佩科里諾乳酪屑。

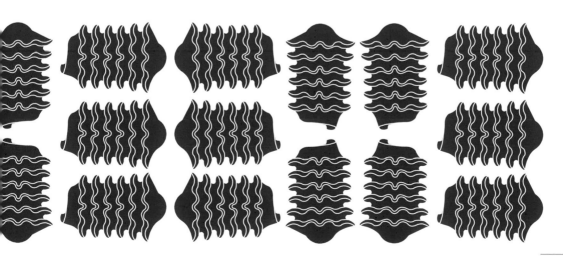

RAVIOLI
方餃

大小
長：30-100毫米
寬：30-100毫米

對味的烹調
鼠尾草奶醬；馬郁蘭松子醬；
茄汁醬；胡桃醬

麵餃類原本是中世紀王公貴族（顯然以北義為主）的御膳料理，後來才慢慢流入平民百姓家中，變成家常菜色；時至今日，它依舊地位特殊，尤其是每逢節慶或紀念日，義大利不分南北都會端出這道菜餚來。沒有哪樣東西能像方餃這樣所向披靡，擄獲所有人的味蕾。這款由夾著餡料的兩張方麵片黏合而成的餃子廣受大家喜愛，因此它的起源也眾說紛云：克雷蒙納（Cremona）居民便聲稱方餃是他們的老祖宗發明的。也有一說，方餃是一千一百多年阿拉伯人入侵西西里島的遺緒──土耳其小餃子（manti）。熱那亞地區的人也認為他們的家鄉是方餃的原鄉，而且認定方餃（ravioli）一字源自rabilole（當地方言意指「沒啥用的東西」），指的是餓得發昏的窮水手用殘羹剩菜湊合出來的一頓麵食。它也很可能源自中世紀的一道菜「rabbiola」（從拉丁文rapa演變而來，意思是「根莖類蔬菜」）──蕪菁葉包利科塔乳酪蔬菜餡的菜捲。最可信的說法是，ravioli一字純粹來自義大利文avvolgere，意思是「包覆」。

方餃到處都有，若想溯查某特定食譜的起源，就要從餡料下手。無論如何，方餃大多佐鼠尾草奶醬或淡味茄汁醬，偶爾也佐「醺然醬」（a culo nudo）──些許煮麵水澆上少量紅酒。

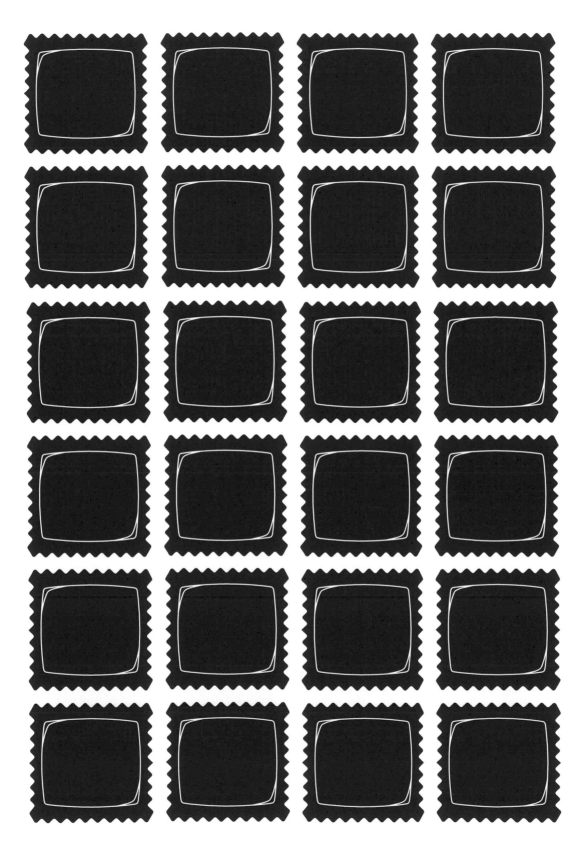

SPINACH AND RICOTTA RAVIOLI
方餃包利科塔乳酪菠菜泥

六人份

400克雞蛋麵團，簡單版或香濃
　版（頁13）
250克新鮮菠菜
150克羊奶（或羊奶混牛奶）利
　科塔乳酪
2枚蛋黃
750克帕瑪森乳酪屑
肉豆蔻

對味的餡料
義大利野香菜（頁182）；仔牛
肉、豬肉和腦髓（頁18）；薯泥
（頁64）

做好的餃子可以冷凍保藏。

　　折掉過於粗大的菠菜梗，菜葉清洗乾淨後，放入
煮開的鹽水裡燙軟（菜葉幼嫩汆燙1分鐘，較大的菜
葉則2分鐘）。撈出放入冷水裡降溫，馬上再瀝乾。先
用手把菜葉擠乾，再用乾布擦乾，最後應該有100至
110克的菜葉。用一把很利的菜刀把菜葉盡量剁細。

　　把剁碎的菠菜和其餘的材料混勻，加鹽、胡椒和
肉豆蔻調味。冷藏備用。

　　方餃要包多大一顆隨你高興（不過我會建議7公分
長為佳），形狀可圓可方（拜託，還是包方的吧），
邊緣可以裁直的也可以裁成鋸齒狀（我勸你裁成直的
就好）。無論如何，把麵團擀得很薄（約莫0.7毫米上
下），確保麵皮沒沾上麵粉後，取一張麵皮攤開來，
在上頭工整地放上一坨坨的餡料（以7公分大的方餃
來說，每團餡之間，上下左右皆相隔7公分，餡量約
滿滿一小匙）。要是麵皮太乾沒法相黏（應該不致如
此才是），稍微噴上薄薄一層水霧，然後取來另一張
麵皮，鬆鬆地覆蓋上去，把鼓起的餡稍稍壓平。接著
按壓餡料周圍的麵皮，使之黏合，之後用裁刀裁出一
顆顆方餃（想切出直線邊，可以用料理刀或切比薩的
滾輪刀；想切出鋸齒狀邊緣可以用波浪狀的滾輪刀；
想切出圓形的餃子，可以用有圓弧邊或波浪花邊、製
作糕點的模具扣出形狀。）

　　你也可以把半數或全數的菠菜換成以同樣方式調
理的琉璃苣，外加些許出水過的洋蔥丁，如此做成的
餡料更細緻可口。燉過的肉含有燉汁精華，譬如說從
燉牛尾剁下來的肉（頁197），拿來做餡更是美味無
比；另外做糖果餃（頁64）的馬鈴薯泥也適合用來包
方餃。

RAVIOLI CON LE SPUGNOLE
方餃佐羊肚蕈

二人份（佐上頁的六人份方餃，食材要多一倍）

250克包薯泥餡的方餃（頁64）
30克乾的羊肚蕈
1顆小型洋蔥，或1/2顆中型洋蔥，切細碎
1瓣大蒜，切片
25克牛油
150毫升濃的鮮奶油
帕瑪森乳酪屑適量

適合這道醬料的麵款

cappelletti、caramelle、fettuccine、maltagliati、pappardelle、pici、strozzapreti、tagliatelle、tortelloni

羊肚蕈做的醬料美味絕倫。新鮮的羊肚蕈春天才有，是世上最嬌嫩的食材之一，禁不起煎煮折騰。乾的羊肚蕈質地韌一些，而且一年四季都有。

把羊肚蕈浸泡在200毫升的滾水裡15分鐘。之後瀝出擠乾，置旁備用，浸泡羊肚蕈的水也留著。

用牛油以中小火煎洋蔥和大蒜，加一點鹽進去，煎到洋蔥呈透明而且慢慢變黃，約10分鐘。接著羊肚蕈下鍋，煎炒1分鐘，然後倒入浸泡水，煮到汁液收乾到一半。就在此時，要另外起鍋煮麵。之後把鮮奶油倒入盛有羊肚蕈的鍋裡，將鍋裡的汁液煮到鮮奶油在冷藏時的那種稠度。加鹽和胡椒調味，撈出麵瀝乾，拌入醬裡（仍在爐火上），拌勻即可起鍋。享用前灑下帕瑪森乳酪屑。

RAVIOLI AL POMODORO
方餃佐茄汁醬

四人份主菜或二人份前菜

300克方餃
50克牛油或3大匙特級初榨橄欖油
180毫升淡味茄汁醬（頁15）
佩科里諾羅馬諾乳酪屑適量（依個人喜好而加）

方餃放入滾水裡煮約2分鐘，煮到彈牙時瀝出。瀝乾後和牛油或橄欖油拌勻。茄汁醬加熱後可以鋪在盤底，也可以和餃子拌勻，或者淋在餃子上。灑一些佩科里諾乳酪相當對味，屢試不爽——雖然大多數人總會加帕瑪森乳酪。

TOCCO GENOVESE
熱那亞肉醬

十至十五人份前菜或二人份主菜

肉醬部分

1大匙麵粉

50克牛油

500克牛肉或仔牛肉（胸肉、小腿肉或腹脅肉），切大塊

50克骨髓（切丁，或額外40克牛油）

1片西芹，切碎

1根胡蘿蔔，切碎

1顆洋蔥，切碎

1大匙平葉荷蘭芹末

2片月桂葉

10克乾的牛肝蕈，用100毫升的滾水浸泡過後切碎

500毫升牛高湯

400克罐頭番茄

150毫升白酒

3顆丁香

肉豆蔻粉少許

適合這道醬料的麵款

bigoli、busiati、fettuccine、linguine、bavette、maccheroni alla chitarra、maccheroni inferrati、pici、spaghetti、tagliatelle、trenette

這道肉醬既精緻講究又經濟實惠。Tocco（toccu）是利古里亞地區經典的肉醬，烹調的方法和製作拿坡里肉醬（頁216）很類似，都用茄汁醬做底來燉肉。然而利古里亞風味的肉醬多了菇類的馨香，醬汁也因為添加了油糊而更濃稠——顯示出義大利偏遠西部地區也受到法式料理手法的影響。這道菜最棒的地方是拿燉肉做餡，物盡其用，而且滋味妙極了。

在一口大得足以容納所有食材的煎鍋裡，用牛油炒麵粉，炒到油糊不再冒泡而且變成深褐色。牛肉或仔牛肉下鍋，加鹽和胡椒，以中火烙煎15分鐘，煎到你有點擔心油糊可能會燒焦時即可打住。接著下骨髓，攪拌半分鐘，等它部分融化時，放入蔬菜、荷蘭芹和月桂葉，續炒15分鐘，直到菜料軟透。這時剩餘的材料全數下鍋（浸泡牛肝蕈的水也一併倒入），整鍋煮沸後，將火轉至最小，保持在微滾的狀態，燉2.5小時，直到肉軟嫩而醬汁濃稠。燉好後將肉取出，其餘的醬料打成泥（讓食物調理機代勞最簡單，放入篩網中擠壓過篩也可以）。嚐嚐鹹淡並調味。這時應該有大約700毫升的醬料，足夠配1.5公斤的方餃或1公斤新鮮的（700克乾的）扁麵（見頁146）。

RAVIOLI GENOVESE AL TOCCO
肉餡方餃佐熱那亞肉醬

1公斤的雞蛋麵團（簡單版或香濃版，頁13）

上頁食譜裡燉好的肉

100克仔牛胸腺（或額外的腦髓）

100克仔牛或羔羊的腦髓（或額外的胸腺）

250克琉璃苣葉片（或唐萵苣，都沒有就用菠菜）

4枚蛋黃

200克帕瑪森乳酪屑

一小把馬郁蘭（7克），摘取葉片；也可以用新鮮的奧瑞岡香菜

用鹽水汆燙仔牛胸腺和腦髓，當質地變得結實（用文火微滾約12分鐘）即熄火，讓整鍋慢慢變涼。等涼了之後，把節節疤疤特別明顯、不美觀的皮膜剝除。琉璃苣葉煮軟後撈出，放入冷水中降溫再瀝出，使勁地把它擠乾。

把肉（燉肉、仔牛胸腺和腦髓）放入食物調理機絞碎成粗粒狀，再把其他的所有食材加進去，打成散布著琉璃苣和馬郁蘭葉綠斑點的細糊。

打好的餡料約有1公斤，足以用光1公斤的雞蛋麵團。不過你不需要一口氣包那麼多方餃，內餡可以冷凍保存（裝在保鮮盒裡或包在方餃裡），也可以填鑲在麵捲（頁50），滋味很是一級棒。餡和麵團的重量比是一比一，所以包好後每人份的主菜可分得150克方餃。

擀餃子皮時，每次取適量的麵團，擀成比1毫米略薄的薄度，大多數的擀麵機要轉到次薄的那一格。檢查麵皮，表面不能沾有麵粉，而且要夠濕潤，足以相黏合，也要夠乾，不會黏在案板上或黏著你的手。將麵皮切為兩等分，在其中一張上頭工整地放一坨坨的餡（量不足一小匙），每坨之間相隔4公分。要是餃子皮乾了，噴上薄薄一層水霧。餡擺好後，取另一等份的麵皮覆蓋其上，稍稍把鼓凸的餡丘壓平，接著輕輕按壓餡丘四周，把空氣趕出去。用有波浪花邊的滾輪刀切出一顆顆方餃，用一般的料理刀也行；把切出來的方餃鋪在灑上些許粗粒麥粉的托盤內。如此一一把所有的餡料和麵皮用完。

等煮好的方餃稍為降溫而變得彈牙時，每150克方餃淋上70毫升的肉醬。要是你一口氣把餡料全包成方餃，肉醬會不夠用，不過多出來的餃子配淡味茄汁醬（頁15）、馬郁蘭松子奶醬（頁83）或鼠尾草奶醬（頁129）也很好吃。

REGINETTE AND MAFALDINE
小皇后麵和小瑪法達麵

大小

長：100-250毫米
寬：10毫米
厚：1毫米

同義字

mafaldine signorine、trinette、
ricciarelle、sfresatine、nastri、
natrini（「綬帶」）

對味的烹調

辣味茄汁醬；焗烤；蠶豆泥；
青花菜；鯷魚奶醬；蘿蔔菜；
蘿蔔菜和香腸；羅馬花椰菜；
兔肉辣味茄汁醬；香腸奶醬；
干貝百里香

這款外型迷人的麵是為了慶祝瑪法達公主誕生而特地發明的，這位生於1902年的公主，是義大利末代國王伊曼紐三世（Vittorio Emanuele III）之女。這款麵最常見的兩個名稱「小皇后」（reginette）和「小瑪法達」（mafaldine），都和這位公主息息相關。用杜蘭小麥粉製的這款麵是不折不扣的南義麵（畢竟這位末代國王是在拿坡里出生的）。其綴有皺褶的波紋飾邊，很像窄版的波浪千層麵，十分賞心悅目，給人一種張燈結綵、喜氣洋洋的感覺。

RAGÙ NAPOLETANO
拿坡里肉醬

十五人份，醬約有 1.5 公斤

750 克牛肉或仔牛肉（小腿肉、
　　腹脅肉或胸肉）
750 克豬肉，最好帶皮（五花
　　肉、肋條、小腿肉或肩胛肉）
70 克松子
70 克葡萄乾
50 克麵包屑
2 大匙平葉荷蘭芹末
100 克豬脂，或 120 毫升特級初榨
　　橄欖油
2 顆中型洋蔥（400 克），切細碎
1 瓣大蒜，切碎
375 毫升紅酒
2 公升番茄糊，或 2 公斤新鮮番
　　茄，整顆打成泥
20 片羅勒葉

適合這道醬料的麵款

cavatappi、fusilli bucati、fusilli
fatti a mano、paccheri、penne、
pennini rigati、rigatoni、
spaccatelle、spaghetti、
tortiglioni、ziti/candele

這道醬和大多數的肉醬不一樣，肉不切塊地整個下鍋燉，燉汁用來拌麵，燉好的豬肉和牛肉則當第二道菜。它有個別名叫「門房醬」（guardaporta），說不定是因為肉要燉很久，燉時你幾乎可以把它擱在一旁不管，所以門房可以趁當班時留它在爐火上慢慢燉。

一般來說，這道菜會同時燉三大塊肉——一大塊豬肉和兩條肉捲（braciole），其中一條是豬皮捲，一條是牛肉捲（在拿坡里這道菜向來都是加餡的肉捲，拿坡里以外的義大利各地是肩胛肉排）。這裡我沒放豬皮捲，不過它相當好吃，喜歡大膽嘗鮮的人，肯定會讚不絕口。用一把銳利的刀把仔牛肉劃開成平坦的一片肉，鑲上松子、葡萄乾、麵包屑和荷蘭芹，然後把肉片捲裹起來，用棉繩纏緊。

取一口煎鍋（最後要用這口鍋燉肉），開中火，用從豬脂逼出的油烙煎肉條。肉條表面煎黃後隨即取出，接著洋蔥、大蒜下鍋，並加一大撮鹽好讓它們出水，煎 5 分鐘左右，直到洋蔥大蒜變軟而且呈透明。

肉條回鍋，倒入紅酒，煮到沒有酒精味時，放入番茄糊，加鹽和胡椒，蓋上鍋蓋，文火慢燉，把肉條煨到軟嫩，約 3 小時。要是醬汁開始有點過稠，一定要加蓋，最後熬出來的醬汁稠歸稠，但還是綿密滑順。起鍋前拌入撕碎的羅勒葉。

200 毫升的燉汁可以拌 200 克的小皇后麵。

REGINETTE CAPRESI
小皇后麵佐卡布利式沙拉

四人份前菜或二人份主菜

200克小皇后麵
200毫升淡味茄汁醬（頁15）
3大匙特級初榨橄欖油
160-200克莫扎瑞拉水牛乳酪，
　　切成2公分大塊
100克櫻桃番茄或小的李子形番
　　茄，切對半
10片羅勒葉，撕碎

適合這道醬料的麵款
tortiglioni

這道簡單的醬料是辣味版的卡布利式沙拉（莫扎瑞拉乳酪、番茄和羅勒），而且舉世馳名，源自風光優美的卡布利島，此島距離拿坡里灣只有一小段船程。

　　小皇后麵下鍋煮，同時另起油鍋，用2大匙的橄欖油把茄汁醬加熱。麵煮好後瀝出，投入醬料鍋裡，這時番茄、大半的莫扎瑞拉乳酪和大半的羅勒葉也一併入鍋。靜置1分鐘，等乳酪和番茄的溫度變熱後，把剩下的莫扎瑞拉乳酪和羅勒葉灑在上頭，最後淋下剩餘的一大匙橄欖油。

RIGATONI
大水管麵

大小

長：45毫米
寬：15毫米
管壁厚度：1毫米

同義字

bombardoni（炸彈）、cannaroni
rigati、cannerozzi rigati、rigatoni
romani、trivelli（鑽頭）、tuffolini
rigati

類似的麵款

maniche、mezze maniche

對味的烹調

辣味茄汁醬；焗烤；雞肉李子
醬；火腿奶醬；蒜味醬；諾瑪
醬；牛尾醬；風月醬；拿坡里肉
醬；利科塔乳酪茄汁醬；沙丁魚
茴香醬；香腸奶醬；茄汁醬

大水管麵是有溝紋的管麵，口徑比筆尖麵還寬，因為機器擠壓塑形的緣故，麵身有的呈筆直，有的稍微彎曲。大水管麵的義大利文是rigatoni，其字根rigare意思是「尺」或「犁溝」，顯示這款麵的特色就在它表面呈一條條平行的縱向溝槽。這款麵佐搭肉多料大塊、味道濃烈豐富的醬，口感最棒；最有名的是配仔牛腸（con pajata），尚未斷奶的小牛的腸子，下鍋煮的時候母奶仍凝結在裡頭。仔牛腸是我喜愛的珍饈，它不僅很難取得，而且在羅馬以外的地區不見得那麼受青睞，但是膽子大的人不妨嚐嚐看。以下提供大水管麵三種經典的羅馬風味，味道同樣濃烈可口，不過你不必壯著膽子吃，食材也不難找到。

三種羅馬風味大水管麵

三種食譜皆為四人份前菜或二人份主菜

後一道都是前一道的延伸變化,不過就算是最複雜的也幾乎簡單到不行,而且好吃得很。

有兩道要用到義式醃肉(頁36),也就是醃漬豬頸肉。你也可以用鹹五花肉(pancetta)來代替,雖然兩者的滋味不大一樣。

CACIO E PEPE
大水管麵佐乳酪胡椒醬

200克大水管麵
4大匙特級初榨橄欖油
2小匙黑胡椒粉
100克現刨的佩科里諾羅馬諾乳酪屑

適合這道醬料的麵款
bucatini、maccheroni inferrati、
maltagliati、malloreddus、
pansotti、penne、pennini rigati、
spaghetti、tortiglioni

把大水管麵煮到比你喜歡的口感略微彈牙一些。煎鍋裡放入油和一半的黑胡椒粉,並舀4大匙滾燙的煮麵水進去,接著投入瀝乾的大水管麵,煮一會兒,好讓水分收乾。起鍋後,灑下佩科里諾羅馬諾乳酪屑和剩餘的黑胡椒粉即成。

GRICIA
大水管麵佐義式醃肉和佩科里諾乳酪

200克大水管麵
120克義式醃肉，切5毫米薄片後
　　再切成1公分寬的條狀
1小匙黑胡椒粉
90克現刨的佩科里諾羅馬諾
　　乳酪屑

適合這道醬料的麵款
bucatini、maccheroni inferrati、
penne、pennini rigati、
spaghetti、tortiglioni、ziti/candele

大水管麵的煮法如上。麵下鍋煮時，另起一鍋用大火煎義式醃肉，煎到肉冒出濃煙並且開始上色（如此可以逼出肉的油脂，用來做醬底）。把煎鍋從爐頭上移開（為了安全起見），一會兒之後，先舀4大匙的煮麵水進去，加入黑胡椒粉，再把麵投入。拌攪一會兒即可起鍋，灑下佩科里諾乳酪屑，上菜。

AMATRICIANA
大水管麵佐辣味培根茄汁醬

200克大水管麵
120克義式醃肉，切5毫米薄片後
　　再切成1公分寬的條狀
1小撮乾辣椒碎末（依個人喜好
　　而加）
1/2小匙黑胡椒粉
170毫升口味適中的茄汁醬
　　（頁15）
90克現刨的佩科里諾羅馬諾
　　乳酪屑

適合這道醬料的麵款
bucatini、maccheroni inferrati、
penne、pennini rigati、
spaghetti、tortiglioni、ziti/candele

這道醬料真正說來是源自阿馬特里塞（Amatrice），在當地，這道醬料跟上一道的義式醃肉加佩科里諾乳酪一樣是白醬（不加番茄）。後來羅馬成了這道醬料的第二故鄉，醬料也改頭換面成了紅醬。

　　步驟和上一道醬料的作法一樣，只是在肉釋出油脂後，先放入辣椒碎末；此外，只要舀2大匙的煮麵水進去即可，但同時要加入茄汁醬。

　　起鍋後，豪邁地灑下佩科里諾乳酪屑。

RUOTE AND ROTELLINE
車輪麵和小車輪麵

大小
長：6.5毫米
直徑：23.5毫米
管壁厚度：1毫米

同義字
rotelle、rotine

對味的烹調
雞肉李子醬；牡蠣、波西克氣泡
酒和茵陳蒿；利科塔乳酪茄汁
醬；香腸奶醬；紫萵苣、煙燻火
腿和梵締娜乳酪

車輪麵顧名思義是形狀像車輪的麵。這種造型複雜、
幾乎可說是無趣的麵，若非製麵工業不斷在機械設備
上精益求精是不可能出現的，而它本身就是機械技工
發想出來的。為數不少的麵款都是20世紀初將義大利
國力推向顛峰的蓬勃工業的產物，當時的法西斯主義
者也把這類麵食捧上了天。螺釘麵（eliche，類似螺旋
麵）、銑刀麵（frese）、螺旋麵（狀似軸錠，頁104）、
拐子麵（狀似曲軸，頁130）、指針麵（lancette）、圓
梳麵（狀似散熱葉片，頁206）、捲軸麵（spole）和鑽
頭麵（trivelli）皆得名於各式各樣的械具。車輪麵的
造型和名稱乃北義的汽車工業所賜，它的產製則歸功
於南義的製麵工業。

RUOTE CON WÜRSTEL E FONTINA
車輪麵佐法蘭克福香腸和梵締娜乳酪

四人份前菜或二人份主菜
200克車輪麵
4根法蘭克福香腸（140克）
1顆中型紫洋蔥
50克牛油
1小匙新鮮的迷迭香末
100克梵締娜乳酪，切5毫米見方
　小丁
60毫升濃的鮮奶油（依個人喜好
　而加）

適合這道醬料的麵款
fusilli、gomiti

就像有人覺得車輪餅有點兒俗氣一樣，輪子造型的麵食在義大利人眼裡也顯得有那麼幾分土里土氣。照這樣來看，這道菜無可置辯地俗嗆到不行，它也許上不了你晚宴的餐桌，不過小孩子肯定會吃得津津有味。

把麵下到滾水裡煮。

法蘭克福香腸斜切成5公分寬小段。洋蔥去皮後切對半，然後再順著紋路切片。起油鍋，開大火，用牛油煎洋蔥絲，煎約3至4分鐘，直到洋蔥開始變焦黃，飄出路邊熱狗攤常有的香味。轉中小火，法蘭克福香腸和迷迭香下鍋，續煎幾分鐘。把麵瀝出，投入煎鍋內，同時加進90毫升的煮麵水，把整鍋煮沸。等麵均勻地裹著醬汁時，拌入梵締娜乳酪，鍋子離火。此時若加入些許的鮮奶油可以讓麵和醬融合在一起，但不是非加不可。蓋上鍋蓋靜置1分鐘左右，好讓乳酪融化。起鍋上菜。

SEDANINI
芹管麵

大小
長：40毫米
寬：6.5毫米
管壁厚度：0.8毫米

同義字
sedani、cornetti（「號角」之意）、diavoletti、diavolini（「小惡魔」）以及folletti（「小精靈」或「小妖精」）

對味的烹調
乳酪通心粉；通心粉沙拉；諾瑪醬；風月醬；櫛瓜沙拉；沙丁魚茴香醬；香腸奶醬；紫萵苣、煙燻火腿和梵締娜乳酪

這款麵略呈弧形，窄而長，表面有溝紋，一度叫做「象牙麵」（zanne d'elefante），在象牙變成禁忌後改名為「芹管麵」。用芹管來形容也頗為貼切，只是少了點異國情調。

SEDANINI CON CARCIOFI, FAVE E PISELLI
芹管麵佐朝鮮薊、豌豆和蠶豆

四人份前菜和二人份主菜

150克芹管麵
500克帶莢蠶豆
200克帶莢豌豆
3顆幼嫩的朝鮮薊
1把青蔥，切2公分小段
2瓣大蒜，切片
4大匙特級初榨橄欖油
250毫升雞高湯（或水）
2大匙平葉荷蘭芹末
10片羅勒葉或薄荷葉（或兩樣都
　加），切絲
現刨的佩科里諾羅馬乳酪屑
　（依個人喜好而加）

適合這道醬料的麵款

campanelle/gigli、canestri、dischi
volanti、farfalle、farfalle tonde、
fazzoletti、garganelli、gramigne、
maltagliati、pappardelle、
spaccatelle、strozzapreti、
tagliatelle、torchio

蠶豆去莢，豆子若是比你的手指甲還大，放入滾水裡
汆燙1至2分鐘，然後置入冷水降溫，之後再去皮膜。
豌豆去莢。切除朝鮮薊的硬梗（深色部分），只留軟
嫩的葉片和蕊心（浸泡在加了檸檬汁的酸性水裡，下
鍋前再取出）。

　　取一口小煎鍋，用油爆香青蔥和蒜片，約2分
鐘。朝鮮薊切成寬1公分的滾刀塊，下鍋後加一小撮
鹽煮約2分多鐘；接著再加入豌豆、蠶豆和雞高湯。
把汁液煮開，不用蓋蓋子，煮到蔬菜軟嫩，醬汁濃縮
成羹狀。

　　從加入雞高湯算起，醬汁約需熬煮12至15分鐘。
你可以趁熬醬的空檔煮芹管麵，麵煮到還有點硬時瀝
出，在醬汁差不多快好時投入，拌勻；最後拌入辛香
草。起鍋，灑點佩科里諾乳酪屑（喜歡的話，淋一點
橄欖油）。

SEDANINI CON POLLO E PRUGNE
芹管麵佐雞肉李子醬

四人份前菜或二人份主菜

200克芹管麵
260克去皮無骨雞腿肉
75克牛油
180克去核的李子乾（軟的為佳）
100毫升紅酒
180毫升雞高湯
1大匙新鮮的奧瑞岡香菜末或馬郁
　蘭末
帕瑪森乳酪屑適量

適合這道醬料的麵款

casarecce、cavatappi、chifferi
rigati、ditali、ditalini、garganelli、
gemelli、gomiti、maccheroncini、
penne、pennini rigati、rigatoni、
strozzapreti、ruote、rotelline、
tortiglioni

這道食譜帶有濃濃的中世紀風味，醬料不甜又不鹹（或者說甜中帶鹹、鹹中帶甜）。要是上菜前你還是對這甜鹹交雜的滋味很不習慣，再多加點帕瑪森乳酪屑，就會慢慢覺得順口。

　　先著手做醬，一會兒之後再把麵下到滾水裡煮。雞腿肉切丁（約1.5公分見方），開大火用一半的牛油把雞丁煎到焦黃。把切得和雞丁差不多大小的李子乾放入鍋內，拌炒1分多鐘。加鹽和胡椒，然後注入紅酒，煮到汁液收乾至一半。接著倒入雞高湯（就在此時，把麵放入滾水裡煮），把湯汁煮開，讓它適度地大滾，好讓醬汁稍微變稠，試試鹹淡並調味。在麵還有點硬時瀝出，投入醬汁內，剩下的牛油也一併加進去，等醬料沾裹著麵條，而麵彈牙爽口時，拌入奧瑞岡香草末或馬郁蘭末即可起鍋，享用前灑下帕瑪森乳酪屑。

SPACCATELLE
勾縫麵

大小
長：36毫米
寬：24毫米
直徑：4.2毫米

對味的烹調
朝鮮薊、蠶豆和豌豆；甘藍菜和
香腸；蘿蔔菜和香腸；鴨肉醬；
綠橄欖茄汁醬；諾瑪醬；風月
醬；羅馬花椰菜；兔肉蘆筍醬；
拿坡里肉醬；芝麻菜、番茄和洋
蔥；香腸、番紅花茄汁醬；香腸
奶醬

這款橫截面呈拱形，麵身像一勾弦月的麵，和草苗麵
（頁134）很相像，但體型大上一倍有餘。名稱的由來
很可能是因為麵的內緣有如凹縫（speccatura）的緣
故。它是西西里島原創的少數麵款之一，和當地政客
一樣身段柔軟。

SPACCATELLE CON TONNO E MELANZANE
勾縫麵佐鮪魚和圓茄

四人份前菜或二人份主菜

160克勾縫麵
150克頂級的油漬鮪魚罐頭（或
　　200克新鮮鮪魚，外加2大匙
　　特級初榨橄欖油）
1根個頭稍小的圓茄（300克）
酥炸用的蔬菜油
1顆紫洋蔥（150克），切細碎
1瓣大蒜，切細碎
1/2小匙乾辣椒碎末
2大匙特級初榨橄欖油
240克新鮮番茄（櫻桃番茄或李
　　子形番茄），切大塊
75毫升白酒
2大匙薄荷葉末
2大匙平葉荷蘭芹末

適合這道醬料的麵款
maccheroncini

傳統上會用劍魚來做這道醬料。不過由於人們為了逞口腹之欲而大肆捕撈，又不注重保育這類尊貴的生物，劍魚已經瀕臨絕種，所以我改用來源還算充裕的鮪魚來做。在劍魚的產量尚未恢復之前，我們最好暫時食用其他魚類。

若用罐頭鮪魚，把魚切大塊，若用新鮮的，切成2公分小丁，灑點鹽帶出鮮味，起油鍋快速地烙煎表面，把肉汁封鎖在裡頭。

圓茄切成2公分丁塊，稍微灑一點鹽，放入滾燙的蔬菜油（玉米油或葵花油為佳）裡酥炸成金黃色。撈起把油瀝乾，置旁備用。

用餐之前的20分鐘左右，開中火用橄欖油炒洋蔥、大蒜和辣椒末，放一小撮鹽進去，炒至菜料變軟而且稍微上色（10分鐘）。接著加入番茄塊，續炒幾分鐘（約5分鐘，炒到番茄塊開始破裂），然後倒入白酒、鮪魚和圓茄，煮沸後讓它滾幾分鐘，好讓醬汁變稠。加鹽和胡椒調味。把瀝出的麵（你當然算準了時間，在麵比你想要的口感略微韌一點時即瀝出），投入醬汁裡，並澆一點煮麵水進去，外加大部分的薄荷葉末和荷蘭芹末。麵和醬拌煮1分鐘，等醬汁沾附麵體而麵正好熟透時，灑下剩餘的辛香草即可起鍋。

SPAGHETTI
圓直麵

大小
長：260毫米
直徑：2毫米

同義字
vermicelli、fidi（源自阿拉伯字 al-fidawsh，意思是「虔誠的」）、fidelini、spaghettini、spaghettoni

對味的烹調
辣味培根茄汁醬；鯷魚醬；辣味茄汁醬；培根蛋奶醬；蛤蜊；希拉古莎（Siracusana）式烘蛋；橄欖油拌蒜末;蒜味醬；香酥煎麵（fried in nests）；熱那亞肉醬；義式醃肉和佩科里諾乳酪；扁豆；龍蝦、淡菜薑汁；諾瑪醬；牛尾醬；乳酪胡椒醬；熱那亞青醬；塔拉潘尼青醬；窮人的松露；羅馬花椰菜；兔肉辣味茄汁醬；拿坡里肉醬；利科塔乳酪茄汁醬；沙丁魚茴香醬；香腸肉醬；生番茄；鮪魚肚茄汁醬

在我看來，義大利人的腦子裡只惦著兩樣東西……其中一樣是圓直麵。──凱瑟琳丹妮芙

還有比圓直麵更能代表義大利麵的嗎？簡單的總是好，沒有什麼比杜蘭小麥粉和水製成的圓形長麵條更簡單的了。它的命名也是一語中的，spaghetti的意思就是一小段細繩或麻線（spago）。圓直麵是全世界人氣最夯的義大利麵，在全球義大利麵的消耗量占三分之二，從義大利麵的發展史來看，這個數字可能叫人訝異。圓直麵遲至1836年才出現，相對上是晚近才有的麵，因為它高度倚賴工業技術，非得用機器擠壓塑形才可能產製。

　　圓直麵享有全球知名度則是更後來的事了。罐裝的圓直麵在19世紀尾聲於美國問世，這項產品於二次大戰末在英國到處買得到（讓義大利人死不瞑目）。義大利記者佩佐里尼（Giuseppe Prezzolini）就指出，圓直麵比但丁的巨著更加地發揚了義大利人的才華。他說得一點兒也沒錯──我們看義大利麵西部片（spaghetti Westerns）*，開車走過義大利麵條路口（spaghetti Junction）**，而義大利肉醬麵（spag bol）顯然是當今英國人最常煮的菜色之一。

---

* 義大利電影業曾學美國人拍西部牛仔片，美國人戲稱之為「義大利麵西部片」。

**指盤根錯節的高架道路立體交流道。

SPAGHETTI AL POMODORO
圓直麵佐茄汁醬

四人份前菜或二人份主菜

200克圓直麵
300毫升淡味茄汁醬，或150毫
升香濃茄汁醬（頁15）

適合這道醬料的麵款
campanelle/gigli、conchiglie、
gemelli、gnocchi shells、
malloreddus、penne、pennini
rigati、rigatoni、tortiglioni、
trenette

最具原創性也是最棒的一道醬料——佐麵的茄汁醬食譜，最早記載於布昂斐奇諾公爵（Duke of Buonvicino）伊波利托・卡瓦坎提（Ippolito Cavalcanti）所著的《烹飪大全》（*Cucina teorico pratica*）一書，出版於1839年，正好是圓直麵問世的三年後。

麵煮到比想要的口感稍韌時瀝出，放入在煎鍋加熱的醬汁裡，同時澆一點煮麵水進去。淡味茄汁醬淋上些許的橄欖油最對味，灑一些撕碎的羅勒葉也很可口；香濃的茄汁醬可以加一些乳酪，佩科里諾乳酪或帕瑪森乳酪都不錯。

FRITTATA DI SPAGHETTI
圓直麵香酥烘蛋

四人份前菜或二人份主菜

120克圓直麵
50克牛油
60克粗磨的義式烏魚子（mullet
　　bottarga）或120克帕瑪森乳酪
2大匙平葉荷蘭芹末（有用烏魚
　　子才加）
4顆蛋
1½大匙特級初榨橄欖油

適合這道醬料的麵款
capelli d'angelo、vermicelli、
spaghettini、tagliolini、tajarin

這道醬若用帕瑪森乳酪來做是拿坡里的經典菜色。街上販售的義式烘蛋切片，不僅好吃而且很有飽足感，和比薩以及油炸食物一樣是紅不讓的人氣點心。但是怎麼樣都比不上剛出爐熱騰騰的烘蛋，不管是只加了帕瑪森乳酪，或多加了烏魚子讓滋味更豐富的烘蛋，都讓人吮指回味。

麵放入滾水裡煮，把裝了牛油的碗穩當地置於煮麵鍋的鍋緣上方，好讓牛油溶化。牛油一溶化，即把碗從鍋緣移開，把蛋打進去，同時加入烏魚子和荷蘭芹，或只加帕瑪森乳酪。放少許的鹽和大量的胡椒。麵煮到即將彈牙時即瀝出，趁熱拌入蛋液裡。加熱一只口徑20公分寬的煎鍋，這口鍋要能裝得下所有的蛋

糊。待煎鍋熱得發燙時，把火轉小，加一大匙油進去，搖晃一下鍋子，讓油在鍋底攤勻，然後把蛋糊倒入油鍋裡。就著火晃盪鍋子，持續2至3分鐘，等貼著鍋底那一面蛋糊煎得金黃時，把烘蛋倒扣在和煎鍋口徑差不多大小的盤子上。鍋子放回爐火上，把剩下的半匙油加進去，接著讓烘蛋滑入鍋內，繼續用小火煎2至3分鐘，然後翻面再煎，共翻兩次，每一次煎1分鐘。這會兒烘蛋應該熟了，但中間非常軟嫩。如果喜歡，享用時可以佐一點沙拉和一瓣檸檬。

SECCHIO DELLA MUNNEZZA
圓直麵佐綜合堅果及葡萄乾、酸豆和橄欖

四人份前菜或二人份主菜

200克圓直麵
去殼的胡桃和榛果各1大匙
1大匙松子
3大匙特級初榨橄欖油
2大匙葡萄乾
60克櫻桃番茄，切對半
1大匙鹽漬酸豆，用水浸泡到可
　接受的鹹度時瀝出
1/2小匙乾奧瑞岡香菜
1小匙平葉荷蘭芹末
5-6顆黑橄欖（義大利佳埃塔
　〔Gaeta〕產的為佳），去核，
　粗切

適合這道醬料的麵款
fusilli fatti a mano

這是一道「雜燴」麵——有此別名是因為食材盡是從儲存櫃裡翻出來的零碎殘渣；食譜是由了不起的費絲·葳琳潔（Faith Willinger）提供給我的，而她是在坎帕尼亞地區娑波瑟皮可（Sorbo Serpico）的「小矮人」（e' Curti）餐廳吃到這道菜。義大利文Curti的意思是「矮子」，而那家館子的老闆，就是曾經跟著馬戲團巡迴表演的一對侏儒。

　　首先把胡桃和榛果剁碎。麵隨即下滾水煮，所有的食材要在同一時間調理好並組合在一起。用油溫和地焙煎剁碎的核果，當核果的色澤焙得很好看時，放入松子、葡萄乾、番茄塊、酸豆和奧瑞岡香菜，用小火煮。煮到番茄開始變軟時，再下荷蘭芹末及黑橄欖，並加鹽調味。

　　麵煮到比你要的口感略韌時瀝出，投入醬汁內，同時舀一小勺煮麵水進去。續煮約1分鐘即可起鍋，要是醬汁變得乾稠，就再多澆些煮麵水。

SPAGHETTI ALLA PUTTANESCA
圓直麵佐風月醬

四人份前菜或二人份主菜

200克圓直麵
50毫升特級初榨橄欖油
180克櫻桃番茄，切對半
1/2小匙乾辣椒碎末
1瓣大蒜，切片
40克鹽漬酸豆，用水浸泡到可接
　受的鹹度時瀝出
120克黑橄欖（義大利佳埃塔產
　的為佳），去核，粗切
4片鯷魚柳，粗切
100毫升淡味茄汁醬（頁15），
　或番茄糊
3大匙平葉荷蘭芹末
1大匙新鮮羅勒葉末，或1/2大匙
　新鮮奧瑞岡香菜末

適合這道醬料的麵款

bigoli、bucatini、campanelle/
gigli、conchiglie、farfalle、fusilli
fatti a mano、gomiti、linguine、
bavette、lumache、rigatoni、
sedanini、spaccatelle、
spaghettini、torchio、tortiglioni

還有比別名叫「煙花女」的麵更引人遐想的嗎？這道拿坡里風味菜，最初可能是青樓業主為尋芳客準備的麵點，用便宜的食材三兩下揮鏟即成、份量飽足，好讓來客補充體力。另有一說，這麵食是從煙花女襯衣上那令人心酸的紅漬發想出來的。無論如何，這鹹香可口的麵食廣為流傳，不管是達官貴人或販夫走卒都喜愛。

麵差幾分鐘就要煮好時，把一只寬口的煎鍋放到爐火上加熱，等煎鍋熱得發燙時，倒油進去，緊接著下番茄塊、辣椒末和蒜片，炒約1分鐘。待蒜片開始上色，番茄塊軟化時，放入酸豆、黑橄欖和鯷魚，轉中火續煮1分多鐘，再倒入茄汁醬。

繼續煨煮1分多鐘之後，麵這會兒也差不多快煮到你想要的彈牙口感，把麵瀝出，連同辛香草末一起投入醬汁內，攪拌個30秒，然後灑下大量的黑胡椒粉，大概不用再加鹽。趁熱享用。

SPAGHETTI CON BOTTARGA E PANGRATTATO
圓直麵佐烏魚子和麵包屑

四人份前菜或二人份主菜

200克圓直麵
2大匙麵包屑
1大匙特級初榨橄欖油
1/4顆檸檬皮絲
1大匙平葉荷蘭芹末
40克磨碎的義式烏魚子
30克牛油

適合這道醬料的麵款
linguine、bavette、malloreddus、
spaghettini、trenette

圓直麵佐義式烏魚子是另一款經典菜式，特別是在薩丁尼亞地區。加麵包屑是我的主意，不加無妨，但加了之後口感酥脆討喜。

　　麵包屑抹上油之後，送進火力適中的烤箱裡烤到金黃。取出後置一旁冷卻，再和檸檬皮絲、荷蘭芹末以及一半的烏魚子混合均勻。麵下到滾水裡煮。等麵快煮好時，剩下的烏魚子放入另一口煎鍋裡，轉文火，用牛油加熱，再加幾匙煮麵水進去，好讓鍋料有醬汁的質感，千萬別讓它滾。把煮到彈牙的麵瀝出，投入醬汁裡，拌勻後盛出，把麵包屑混料灑在上頭。

BREADCRUMBS AND SUGAR
圓直麵佐麵包屑和白砂糖

四人份前菜和二人份主菜

200克圓直麵
50克麵包屑
1小匙特級初榨橄欖油
50克細白砂糖
75克牛油（或2大匙特級初榨橄
　欖油）

適合這道醬料的麵款
fusilli

我的祖母愛格妮絲以前常跟我說，她小時候住在匈牙利時有多麼愛吃這道麵。我不曉得該說這麵食是怪異得讓人一吃上癮，還是純粹怪異得離譜。

　　麵包屑抹上油之後送進火力適中的烤箱裡烤成漂亮的金褐色。取出後和一半的細白砂糖混合均勻。趁麵在鍋裡煮的時候，另起一鍋，舀4大匙的煮麵水進去，並且放入剩下的砂糖和牛油，煮成質地像鮮奶油的乳醬。把麵瀝出，放入乳醬裡拌勻，然後把甜麵包屑灑在上頭。如果用的是橄欖油而不是牛油，味道會多點鹹香，但也會變得更為要甜不甜、要鹹不鹹的。如果你想試試這種滋味，把煮好的麵和橄欖油、砂糖以及2大匙的煮麵水拌一拌就行了，不需要放入煎鍋煮，因為它根本不會乳化。

SPAGHETTINI
細直麵

大小
長：260毫米
寬：1.5毫米

對味的烹調
辣味茄汁醬；義式烏魚子和麵包屑；蛤蜊；櫛瓜和明蝦；香酥煎麵；蒜味醬；扁豆；龍蝦；熱那亞青醬；風月醬；羅馬花椰菜；干貝百里香；鮪魚肚茄汁醬

圓直麵的義大利文spaghetti是「小細繩」的意思，那麼細直麵的義大利文spaghettini意思即「小一號的圓直麵」。由於麵身纖細，這種麵很快就可以煮熟，吸附的醬汁較少，入口後也比較沒有咬勁，口感上比較輕盈。似乎有很多人，特別是非義大利人，喜歡它更甚於正宗的圓直麵。大體說來，這還是關乎個人口味，這兩款麵多多少少可以相互通用。一般而言，圓直麵較適合佐搭濃郁一點的醬料，而細直麵和清爽一點的醬料比較速配。

SPAGHETTINI AGLIO E OLIO
細直麵佐香蒜橄欖油

四人份前菜或二人份主菜

200克細直麵
4瓣大蒜，切細碎
6大匙特級初榨橄欖油
1/2小匙乾辣椒碎末
2大匙平葉荷蘭芹末

適合這道醬料的麵款
gemelli、spaghetti

這道麵滋味馨嗆，人人喜愛。大量的蒜蓉、辣椒末和橄欖油，使得它味道濃烈，但依然美味爽口。

冷鍋裡放入蒜蓉和油，開中火把蒜蓉煎到嘶嘶作響但不致上色，約1分鐘。最好是在麵即將煮好的前一兩分鐘，著手煎蒜蓉。接著辣椒末下鍋，隨後投入瀝乾的麵外加4大匙煮麵水，拌煮幾秒之後，灑下荷蘭芹末即可起鍋。

要是有人不敢吃辣，可以把辣椒末的量減半。

SPAGHETTINI AL POMODORO CRUDO
細直麵佐生番茄

四人份前菜或二人份主菜

200克細直麵
400克熟番茄
4大匙特級初榨橄欖油
1大瓣大蒜，壓碎
15片羅勒葉，撕碎

適合這道醬料的麵款
fusilli bucati、spaghetti

從拉齊歐一路往南到拿坡里，這道麵都相當經典，用生番茄做醬簡單無比又極其可口。我的祖母還住在義大利時幾乎每隔一天就會做這道麵，她管這麵叫「春麵」（primavera），和義大利裔美國人用同樣名稱稱呼的麵大不相同。美式的「春麵」，名字取得並不好，因為它幾乎全靠夏季農產做醬；不過我祖母這麼稱呼也並不恰當，因為番茄一定要用盛季（仲夏至季夏）產的，而春天的番茄恐怕沒那麼甘美多汁。

至少要在用餐的10分鐘前著手做醬，但不要提早超過一個鐘頭。番茄切成1至2公分的小塊，與橄欖油、大蒜、鹽和胡椒混勻，在室溫下靜置一會兒，把番茄丁浸軟。麵下到滾水裡煮。因為生番茄混料不放到鍋裡煮，所以將它置於煮麵鍋的鍋緣上方靠熱氣把混料加溫不失為一個好主意。瀝出煮到彈牙的麵，連

同羅勒葉一起放入番茄塊混料裡拌勻。有些人會把去核後切碎的佳埃塔橄欖加進去，我覺得不加橄欖滋味也很棒。我也認為加佩科里諾乳酪屑（灑在上頭）和紫洋蔥碎粒（拌勻）只是錦上添花。記得趁熱享用。

SPAGHETTINI 'AL MERLUZZO FELICE'
細直麵佐薑汁海鮮

四人份前菜或二人份主菜

200克細直麵
6隻大明蝦或6隻小螯蝦或
　1隻龍蝦
12顆蛤蜊
12顆淡菜
1½大匙新鮮薑末
1瓣大蒜，切細碎
不足1/2小匙的乾辣椒碎末
5大匙特級初榨橄欖油
60毫升白酒
2大匙平葉荷蘭芹末

適合搭配這道醬料的麵款有
linguine、bavette、spaghetti、
trenette

我頭一回吃這道麵是在米蘭的Al Merluzzo Felice餐廳（義大利最棒的西西里式餐廳之一），後來又在西西里島吃過一次。我們的「狼口餐廳」偶爾也會把這道麵食列入菜單裡，只是我們顛覆了正宗原味，加了番茄進去。

　　這道麵通常會佐搭龍蝦和明蝦或小螯蝦，只煮兩人份實在有點太過費事，不過要是你烹煮的份量加倍，不妨讓菜色多點花樣。

　　明蝦／小螯蝦／龍蝦縱切對半（如果用龍蝦的話，切大塊，劈開蝦鉗）。趁麵下滾水煮時，用大火加熱一只寬口煎鍋。鍋熱後，海鮮、薑末、蒜末、辣椒末和油一股腦全數下鍋，翻炒2分鐘（炒到蝦殼變紅）。接著注入白酒，把鍋液煮沸，讓它繼續滾到蛤蜊和淡菜全都開殼。把煮到彈牙的麵瀝出，放入醬鍋裡，同時拌入荷蘭芹末。開大火拌煮一會兒，直到大半的醬汁都被麵條吸收即可起鍋。趁熱享用。

STELLINE AND STELLETTE
星星麵

大小

長：4毫米
寬：4毫米
厚：0.5毫米

同義字

alfabeto、anellini、astri、
avemarie、fiori di sambuco、
lentine、puntine、semini

對味的烹調

字母湯；乳酪蛋蓉雞湯；蔬菜
濃湯

這些小星星最顯眼的特色，除了有五個角之外，就是中央有個針孔似的小洞。小星星麵（stelline）、大星星麵（stellette）或接骨木花麵（fiori di sambuco）有時候也一概稱為「萬福馬利亞麵」（avemarie）——因為它實在太小巧玲瓏，投入滾水後，你呼一聲「萬福馬利亞」它就熟了。更不可思議的是，它的歷史比機器生產的麵食更悠久，至少早在16世紀就已經存在。實在很難想像古人如何用手工做出如此精巧的麵。

　　一如大多數的迷你麵，星星麵通常佐清湯或羹湯，多半是煮給老人或小孩吃，大抵是咀嚼容易又好消化的緣故，很得老少的歡心；此外，它小巧可愛的模樣，總讓人聯想到高掛在夜空中閃爍的星宿，還有關乎天使和遠古世界的無限想像。

BRODO
清雞湯或閹雞高湯

四至五人份

1隻中型的雞或閹雞，去內臟（約
　1.8公斤）
2片西芹
3片月桂葉
1根胡蘿蔔，切對半
1顆洋蔥，切對半
3枚蛋白

適合這道湯品的麵款

agnolotti、agnolotti dal plin、
canestri/canestrini、cappelletti、
capelli d'angelo、vermicelli、
orzo、pappardelle、passatelli、
quadretti/quadrettini、tagliatelle、
vermicellini

熬好的清雞湯約有1.5至2公升，足夠四至五人食用。

把雞胸肉切下來，置旁備用。其餘的肉將會跟湯汁一起熬煮，煮好後可另作他用：

¶ 切片後配水煮馬鈴薯、騷莎醬（salsa verde）和芥末蜜餞（mostarda）
¶ 和米一起煮
¶ 做成餃子餡（譬如帽子餃，頁58）
¶ 切塊做沙拉

雞肉和蔬菜放入一口大鍋內，注入清水淹過雞肉表面。慢熬3小時，其間要不時加水，讓液面剛好蓋過雞肉。過濾湯汁，撈除浮沫，加鹽提鮮，在室溫下放涼。

把生的雞胸肉剁成泥，和蛋白混合均勻。接著把混液倒入高湯裡，充分攪拌後，高湯放回爐火上，用文火加熱，煮到將滾未滾之際，讓湯汁維持在偶爾冒出沸泡的狀態下10分鐘。關火，靜置在室溫下，直到肉料在一定程度上都熟了，而高湯看起來很清澈。用棉布過濾出高湯。

STELLINE IN BRODO
星星麵佐清雞湯

四人份前菜或二人份主菜

120克星星麵
800毫升過濾的清雞湯
帕瑪森乳酪屑適量

清雞湯（見上頁）加鹽提鮮，把星星麵放入雞湯裡煮到彈牙。享用時灑一些帕瑪森乳酪屑。

要是你希望清雞湯晶瑩剔透，你可能要用另一鍋調好味道但沒過濾的雞高湯煮星星麵，麵煮好後瀝出，再放入加熱過的另一鍋過濾的雞清湯裡。不過說實在的差別有限，不值得如此大費周章。

STELLETTE BRAISED IN CHICKEN STOCK
星星麵羹

四人份前菜或二人份主菜

200克星星麵
450毫升上好雞高湯
50克牛油
4大匙帕瑪森乳酪屑

這麵羹滋味細膩又撫慰人心，幾乎可以當成嬰兒食品。稍微多一點鹽和油脂可以補充寶寶營養，而你呢，則可以享受帝王級的佳餚。

星星麵和牛油放入雞高湯裡（加鹽和胡椒調味），以中火煮到高湯都被麵吸收，而麵也熟透了。煮的時候不加蓋，而且要經常攪動湯汁，免得麵沾黏鍋底。

你可以在起鍋前拌入乳酪屑（口感更綿密），也可以盛盤後再灑，稍稍添些辛香味。

用淺盤盛著麵湯吃，這湯稠得像羹，溫度降得很慢，一不小心很可能會燙傷舌頭。

STROZZAPRETI
噎死麵

大小

長：35毫米
寬：5毫米

同義字

夫里烏利地區（Friuli）稱
strangolarpreti、gnocchi di prete；
馬仕地區稱frigulelli、
piccicasanti、strozzafrati；拉齊歐
地區稱cecamariti；阿布魯佐地區
稱maccheroni alla molinara；拿坡
里稱strangulaprievete；卡拉布里
亞地區稱stranggugliaprieviti；西西
里島稱affogaparini

對味的烹調

辣味茄汁醬；朝鮮薊、蠶豆和豌
豆；燉培根和豌豆；蠶豆泥；白
豆；雞肉李子醬；蘿蔔菜和香
腸；火腿豌豆奶醬；扁豆；羊肚
蕈；牛尾醬；蘆筍兔肉醬；干貝
百里香；墨魚茄汁醬；白松露

廚子似乎對教士懷恨在心。土耳其的傳統料理「烤鑲
茄子」（imam bayildi），直譯就是「神父也昏倒」，因
為這道菜用料之豐富，足使神父吃到肚子撐爆，昏倒
在地。義大利的噎死麵（strozzapreti直譯就是「把神
父噎死」），相形之下顯然更狠毒。這名稱的背後有好
幾個傳說。

其中一則傳說：古時羅馬涅地區的婦女（azdore）
做麵給教士吃以抵扣部分地租，她們的丈夫一見腦滿
腸肥的神父大口吃著妻子做的麵就心裡有氣，恨不得
神父狼吞虎嚥之際當場被麵噎死。另有一說：這款麵
的造型很像扭絞的毛巾，簡直可以用它來勒死神父，
如果你很想這麼做的話。最常聽到的說法反倒最簡
單，說不定最接近事實，那就是貪吃的神父迷上了鹹
麵食，總是三兩口就扒光，經常噎到，偶爾還噎死。
這些傳說不約而同地透露出一點：托斯卡尼和羅馬涅
的人都是溫和的反教會人士。

無論如何，噎死麵很常見，也很容易做。用雙手
搓揉小段麵條（長6公分、寬1.5公分），讓它幾近成
管狀就成了，和扭指麵（頁70）及通心捲（頁160）
有幾分相像，可能很筆直，也可能扭絞捲曲。

STROZZAPRETI CON STRIDOLI E VONGOLE
噎死麵佐白玉草和蛤蜊

四人份前菜或二人份主菜

200克乾的噎死麵
一把（100克）stridoli香草，或托
　斯卡尼菊苣，或海蓬子；又或
　15克蝦夷蔥切成3公分小段，
　外加50克野芝麻菜
2顆紅蔥頭，切細末
1瓣大蒜，切細碎
40克牛油
2大匙特級初榨橄欖油
400克馬尼拉蛤蜊或櫻蛤

香草stridoli（或strigoli）是白玉草（bladder campion）*
的嫩芽，這類野花在義大利中部和英國很常見，它的
葉子是一種辛香草，苦味中帶有皂甘（saponin）。你
可以自己去採，也可以在威尼托和艾米利亞－羅馬涅
的市場買到。改用托斯卡尼菊苣（barba dei frati，也就
是「僧侶鬍」，市面上偶爾買得到）**，或一般的海蓬子
來入菜也很棒，只不過菜做好後會是另一番風味。芝
麻菜混蝦夷蔥也很可口。

　切除白玉草嫩芽的根，葉片洗淨，置旁備用。麵
下滾水煮的同時著手煮醬汁。在鍋裡用橄欖油和奶油
以中火爆香紅蔥頭末和蒜末，加一點鹽下去，把蔥蒜
末煎軟，約需6至7分鐘。好了之後，在麵差幾分鐘即
可撈出時，蛤蜊下鍋，並把白玉草葉覆蓋其上，鋪成
一大片。把火轉大，當蛤蜊開始一一開殼，你會看見
葉片在翻動。等你覺得鍋裡沒了動靜，拌攪葉片好讓
它們完全軟爛。把麵瀝出投入鍋內，試試鹹淡並調
味，起鍋上菜。

* 歐洲原生種植物，有鼓膨的白色花萼，形狀很像牛頸上懸掛的鈴鐺，所
　以西方稱之為牛鈴草（cowbell）。
** 常見於托斯卡尼一帶的菊苣，最早是當地的僧侶開始種植的，所以有
　「僧侶鬍」（monksbeard）一名。

STROZZAPRETI, CALAMARI E BROCCOLI
噎死麵佐墨魚和青花菜

四人份前菜或二人份主菜

200克乾的噎死麵
500克新鮮墨魚（整隻，或300
　　克處理過的）
300克青花菜（「一般的」或羅
　　馬花椰菜）
6大匙特級初榨橄欖油
1瓣大蒜，切片
4條小的鯷魚柳（或3條大的），
　　粗切成塊
1/2小匙乾辣椒碎末
4大匙白酒

將墨魚細切成2至3毫米寬的圈圈，觸角也切成差不多大小。青花菜切小小朵。麵和青花菜同時下鍋，用同一鍋水煮，麵條煮到彈牙時，青花菜也差不多煮得軟嫩了，而這道菜就是要這種口感。

　　麵差幾分鐘就要煮好時，開大火加熱一口寬煎鍋。等煎鍋熱了，用4大匙的油爆香蒜片，煎到蒜片幾乎要上色。接著墨魚、鯷魚和辣椒末下鍋炒一兩分鐘，直到墨魚變得不透明，而且一圈圈顯得立體飽滿。這時注入白酒，讓它滾個幾秒，等酒精的味道消散，再把剛從鍋裡瀝出、甩乾所有水分的麵和青花菜投入醬鍋內。

　　把麵和醬料拌勻即可起鍋，享用前淋下剩餘的橄欖油。

TAGLIATELLE
義式刀切麵

大小

長：250毫米
寬：10毫米
厚：0.75毫米

同義字

tagliolini；在特蘭帝諾－上阿迪吉
地區（Trentino-Alto Adige）稱
tagliatelle smalzade；威尼托地區
稱lesagnetes；倫巴底地區稱
bardele；拉齊歐地區稱
fettuccine；科羅納（Colonna）
稱pincinelle；西西里島稱
tagghiarini；薩丁尼亞地區稱
taddarini；nastri（緞帶）、
fettucce romane、fettuccelle、
fresine、tagliarelli

對味的烹調

朝鮮薊、蠶豆和豌豆；蠶豆泥；
清雞湯；培根蛋奶醬；櫛瓜和明
蝦；熱那亞肉醬；火腿豌豆奶
醬；小螯蝦番紅花醬、檸檬奶
醬；牡蠣、波西克氣泡酒和茵陳
蒿；牛肝蕈、蘆筍兔肉醬；煙燻
鮭魚蘆筍奶醬；胡桃醬；白松
露；野豬肉醬

帳單短的好，刀切麵則長的好，波隆納人會這麼說自
有道理：一長串的帳單會把老公嚇壞；而短短的刀切
麵一則暴露老婆的手藝有待加強，二則那模樣看起來
很像殘羹剩菜。──阿圖西（Pellegrino Artusi）

義式刀切麵的義大利文tagliatelle是從tagliare（裁切）
一字而來。就像大多數彩帶型麵條一樣，它也是用蛋
麵團做成的，麵皮必須擀得超薄，捲成一捆布似的，
然後橫切成一卷卷像纏起來的絲飄帶，切好後把它鬆
開來稍微晾乾。由於彩帶型麵條三兩下就可以做好，
而刀切麵又大小適中，義大利各地都看得到。不過它
的大本營在艾米利亞－羅馬涅地區，尤其是以波隆納
為核心，在那裡刀切麵按習俗一定要配波隆納肉醬。
這麵據說是波隆納名廚奇斐拉諾（Zefirano），班提瓦
里歐的吉凡尼二世（Giovanni II de Bentivoglio）的御
廚，為了慶祝露克蕾齊亞·博吉雅（Lucrezia Borgia）
和費拉拉公爵（Duke of Ferrara）阿方索一世（Alfonso
I d'Este）成婚而發明的。靈感相傳來自新娘如絲綢般
柔亮的金髮，而波隆納的另一款特色麵食（小餛飩，
頁262），模擬的則是新娘的肚臍眼。這麵必須擀得極
薄，薄到廚子把麵皮晾在眼前，透過它看向窗外，還
可以看見聖魯卡教堂（Basilica di San Luca）。這些傳
說雖然穿鑿附會，但浪漫依舊。

刀切麵的製作在波隆納少數的麵舖和餐館仍是一
項藝術，製麵師傅手持長達一公尺半的擀麵棍（見

「技術上的叮嚀」，頁11），手擀新鮮麵條的盛況依然可見。如上所說，這款麵義大利各地都有，但是在北義，不同的地區有不同的變化。譬如倫巴底的蔬菜麵（bardele coi morai），就是麵團加入琉璃苣做成的刀切麵。在上阿迪吉地區和夫里烏利地區（Friuli-Venezia Giulia），屠宰日當天，麵團會加入新鮮的豬血，做成的刀切麵會配芥藍菜食用。往南一點的阿布魯佐地區和莫利塞地區，刀切麵則放入牛奶裡煮，讓人不禁想起除了四旬齋之外，每年多達一百五十天都必須茹素的齋戒歲月（忌吃肉）。

刀切麵通常拌醬吃（也就是做成「乾」麵），但你也可以放入清雞湯（頁242）裡做成湯麵。

TAGLIATELLE AL RAGÙ
義式刀切麵佐波隆納肉醬

八人份

800克乾麵，或1公斤新鮮的刀切麵（簡單的或香濃的蛋麵團製成，頁13）
約50克帕馬森乳酪屑

波隆納肉醬
500克豬絞肉
500克仔牛絞肉（或牛絞肉）
100克雞肝，剁碎（依個人喜好而加）
1根胡蘿蔔（200克）
2片西芹（200克）
1顆中型洋蔥（200克）
4瓣大蒜
100克牛油

我們英國人喜歡用來拌麵的「肉醬」和這裡的正宗本尊差之千里，就像我們的辣肉醬之於道道地地的墨西哥辣椒燉肉（chile con carne）一樣。真正的拿坡里肉醬應該是橘色而不是紅的，比較是以油為底的而不是以湯汁為底的醬，滋味綿密細緻、芬芳腴潤。它屬於手藝比食材本身要關鍵得多的那種菜餚，不過在張羅食材時，還是要買最上等的鹹五花肉和帕瑪森乳酪，做麵用的雞蛋和麵粉該花的也別省（也可以買包裝販售的刀切麵），用經費的零頭買其餘的材料即可。這道醬滋味之絕妙，難以形諸筆墨，你得親自品嚐才能領略。

可以請肉販幫忙絞肉（8毫米粗），這樣可提升醬的口感。胡蘿蔔削皮後切丁，西芹切丁，洋蔥切碎，大蒜切片。用一把口緣很寬（30公分）的煎鍋，開中

60毫升特級初榨橄欖油

100克鹹五花肉（非煙燻的），
　　切成條狀

375毫升白酒

600毫升牛奶

400克罐頭番茄碎粒

250毫升牛高湯或雞高湯（依
　　個人喜好，也可以用250毫
　　升牛奶）

適合這道醬料的麵款

campanelle/gigli、farfalle tonde、
pici、torchio、tortellini

火用橄欖油溶化牛油，接著放入蔬菜丁和鹹五花肉，同時加一大撮鹽巴，煎炒10至15分鐘，直到菜肉變軟。然後把火轉大，絞肉分四五批下鍋，等上一批的水分蒸發光再放下一批，這之間要不時翻炒，並且用鍋鏟把結塊的絞肉打散。最後一批下鍋後，等鍋子開始稍微會噴濺油汁時，轉中火續煎，偶爾翻炒一下，直到肉末焦黃而且大半變得酥脆——約需15至20分鐘。注入白酒，溶解鍋底脆渣，然後把整鍋肉料倒入另一口平底深鍋，同時加入牛奶、番茄粒和高湯，並且灑下大量的胡椒粉以及多一點的鹽調味。不加蓋，用文火燉4個鐘頭左右，直到醬汁變稠，看起來油腴而不會水水的（要是醬變得太稠或是乾得太快就多加點高湯或水進去）。醬燉好時，汁液會和濃的鮮奶油一樣稠，攪拌時整鍋料有點兒像粥那樣糊糊的。最後一次調味。

　　絞肉下鍋時，跟著放入月桂葉和乾辣椒末很不正統，但味道還蠻討喜的。如此做好的肉醬約有1.75公升，足夠佐搭800至900克的麵，也就是400毫升的醬配200克乾麵或260克濕麵。

　　在煎鍋裡把肉醬加熱，澆入些許的煮麵水。麵煮到稍有點硬時瀝出，投入煎鍋內，同時加入牛油塊，拌攪約20秒即可起鍋。盛盤後，把帕瑪森乳酪屑灑在上頭。

TAGLIATELLE CON TREVISO, SPECK E FONTINA
刀切麵佐紫萵苣、煙燻火腿和梵締娜乳酪

四人份前菜或二人份主菜

260克新鮮的刀切麵，或200克
　　乾麵
30克牛油
半球紫萵苣（瘦長的紫菊苣），
　　切絲，約100克
100毫升濃的鮮奶油
50克（4片）煙燻火腿，切成1公
　　分寬肉條
100克現刨的梵締娜乳酪屑

適合這道醬料的麵款

campanelle/gigli、conchiglie、
farfalle tonde、fettuccine、
garganelli、gnocchi shells、
gomiti、lumache、pici、
radiatori、sedanini、ruote、
tagliolini、tajarin、torchio、
tortiglioni

滋味濃醇的醬、苦味萵苣和煙燻火腿，北義最偏遠地區的三大特產，不管是麵食、燉飯、比薩或三明治，都可以看到這三樣的組合。這道醬屬於油腴的奶醬，但是苦味的萵苣沖淡了肥脂的油膩。

　　做醬和煮麵所需的時間差不多。在鍋裡用中火融化牛油，放入紫萵苣，並且加大把的鹽和胡椒進去，使之出水變軟，前後約1分鐘。接著倒入鮮奶油，把汁液煮開，讓它微滾1分鐘，這時鍋液應該會稍微變稠。把煮到彈牙的麵瀝出，連同煙燻火腿（用手指撥散，別讓它揪成一團），以及切成1公分小丁的梵締娜乳酪一併投入醬鍋內。在爐火上把麵和醬拌一拌，等醬變得滑順綿稠即可起鍋。

TAGLIATELLE CON CAPPESANTE E TIMO
刀切麵佐干貝和百里香

四人份前菜或二人份主菜

260克新鮮的刀切蛋麵或200克
　　乾麵
300克干貝（約10粒上好干貝）
2大匙橄欖油
100克牛油
8顆櫻桃番茄，每顆切四等份
2大匙百里香葉
4大匙白酒

做這道醬約需4到5分鐘，依此拿捏下麵的時間。

　　清理掉干貝上較韌的纖維，用平刀法切成兩片薄圓片——干貝唇要不要留，由你決定。切好後灑鹽和胡椒，並在外層抹上一些油。開大火加熱一只寬口煎鍋，等鍋熱到冒煙時，將抹了油的干貝均勻地放在煎鍋內煎1分鐘。干貝一旦開始焦黃，便把牛油塊散布在干貝四周。千萬不要移動干貝——讓它們固定在一處煎起來比較漂亮，我們的目標是把其中一面烙煎得焦褐。當干貝呈焦黃色，你擔心再多煎一秒牛油就會焦掉時，把番茄和百里香放入鍋內。晃動鍋子，好讓

鍋裡剛加入的菜料均勻受熱，續煎30秒。接著注入白酒，溶解鍋底的脆渣，再晃動鍋子一次，這會兒要猛力地晃，好讓醬汁乳化，並且讓酒汁濃縮，直到醬汁稠得像稀的鮮奶油一般。把煮到比你想要的彈牙口感稍韌的刀切麵瀝出，投入醬汁內拌勻。起鍋上菜。

TAGLIATELLE AL SUGO D'ARROSTO
刀切麵佐燉汁

當有燉品或紅燒肉燉汁需要消耗掉時，通常會想到馬鈴薯或米飯。其實最傳統又最棒的方法是拿來拌麵條。

在某些食譜，例如頁216的拿坡里肉醬、頁197的牛尾醬、頁37的兔肉辣味茄汁醬、頁85的庫司庫司佐魚肉杏仁醬，我們已經這麼做了，儘管這些以番茄為底的醬料是特地用來佐麵的。幾乎所有的燉汁拌上麵都好吃──事實上紅燒料理的油汁或烘烤料理的烤汁，用來澆麵吃特別棒。你唯一要傷腦筋的，是要像義大利人一樣在燒肉上桌前先吃燉汁拌麵，還是要像奧地利人一樣吃燒肉配燉汁拌麵。

無論如何，麵當配菜時每人的量是75克蛋麵。如果烤盤上的肉渣黏在盤底，趁熱加水把肉屑給刮下來並溶解脆渣；紅燒燉汁則加熱濃縮，煮到汁液可以附著在湯匙上時，加進牛油（每人份15至25克）好讓醬汁的質地醇厚一些，然後把麵和醬拌勻，吃的時候灑一些帕瑪森乳酪。

當然，要是你不想一餐裡同時端出肉和麵，也可以把烤汁或燉汁留下來，改天犒賞自己，拌滿滿一大盤麵吃。自個兒坐在廚房裡，悠閒地獨享烤肉或燉肉最精華的部分──摻有從鍋底刮下來的零星肉屑和香濃油腴的肉汁，這真是無上的享受。

TAGLIOLINI AND TAJARIN
細切麵和細麵

大小
長：250毫米
寬：2毫米
厚：0.8毫米

同義字
taglierini

對味的烹調
香酥煎麵；義式烘蛋；檸檬奶
醬；猶太麵布丁；牡蠣、波西克
氣泡酒和茵陳蒿；舒芙蕾；紫萵
苣、煙燻火腿和梵締娜乳酪

細切麵（tagliolini）其實就是切得非常細的刀切麵。
把千層麵裁成細切麵的技術出現在15世紀。馬帝諾大
師（世上第一名廚）在他於1456年出版的《廚之藝》
裡提到，緞帶麵（macharoni alla Romana）應該切一
指寬，細切麵（macharoni alla Genovese）應該切得跟
針一般細。如此之精細的麵，是恩賜也是負擔——因
為它纖細，所以口感輕盈，但算錯時間多煮了幾秒就
會潰糜，而且醬汁調得不好也會讓它面目全非。

　　源自皮蒙地區的細麵（tajarin），是用超級香濃的
麵團所做成的變化款，擀得比其他地方的細切麵要稍
厚些。它的口感稍微厚實，也比較有咬勁，是佐搭土
壤之王白松露的經典麵食。

TAGLIOLINI GRATINATI CON GAMBERI E TREVISO
細切麵佐焗明蝦和紫萵苣

四人份前菜或二人份主菜

120克乾的細切麵或150克濕麵
200克去殼的生明蝦，或200克
　罐頭油漬蝦仁（potted
　shrimps）
50克牛油（若用油漬蝦仁則可
　省略）
1/2顆小型紫洋蔥，逆著紋路切片
1球中型的紫萵苣（或紫菊苣），
　切絲
60毫升白酒
125毫升濃的鮮奶油
4大匙現刨的帕瑪森乳酪屑

這道食譜和威尼斯百花餐廳（Da Fiore）的一道菜色很相似。明蝦、紫萵苣、鮮奶油和乳酪的組合相當罕見，但美味絕倫。

　　要在南歐以外的地方買到上好明蝦並不容易。做這道菜最好用威尼斯產的蝦、生的地中海紅明蝦，或活的小螯蝦。後兩者在英國偶爾買得到。（小螯蝦去殼的方式：一刀劈開蝦頭讓牠斃命，放入滾水汆燙3秒鐘，緊接著放入冰水內冰鎮，然後像剝明蝦殼那樣地去殼）。對於英國讀者來說，最划算的是買整隻煮熟的大西洋明蝦（約550克），回去自己剝殼，或是買處理好的金背蝦（brown shrimp）。若是買不到這兩種，就用罐頭油漬蝦仁，裡頭添加的辣椒和豆蔻事實上讓這道菜更討喜可口。在美國可以用岩蝦。

　　用中火融化牛油（或油漬蝦仁），接著洋蔥下鍋，加一小撮鹽下去，煎炒一會兒之後，再下紫萵苣，溫和地煎4至5分鐘，讓菜絲變軟。放入明蝦，隨後注入白酒，讓酒汁滾個2分鐘，直到大半的汁液都蒸發。大約在這時候，把細切麵放到滾沸的鹽水裡煮，接著把鮮奶油加進蝦子和紫萵苣裡。讓這兩鍋一直滾，等麵煮到略微有點韌時瀝出，投入醬鍋裡。把麵和醬料拌勻，加鹽和胡椒調味，然後整鍋倒入合適的烤盤（約12公分寬、24公分長）。灑上帕瑪森乳酪屑，把表面烤到酥黃，可以送入強火力的烤箱，也可以放在炙烤架下烤。取出後趁熱享用。

TAGLIOLINI CON GRANCHIO
細切麵佐蟹肉

四人份前菜或二人份主菜

160克乾細切麵或200克濕麵
2條不太辣的新鮮紅辣椒，去籽
　切小丁
1瓣大蒜，切碎
4大匙特級初榨橄欖油
100克蟹身肉，從殼內挑出來
200克蟹鉗肉，小心地剔出來
1小顆檸檬的皮絲

適合這道醬料的麵款
bavette

這道醬料很快就可以做好，所以麵下滾水後再開始動手即可。把辣椒、大蒜和油放入冷煎鍋裡，再開中火煎，煎到鍋內開始嘶嘶作響。這時蟹身肉下鍋，同時澆入4大匙的煮麵水，用鍋鏟把肉打散，和汁液拌勻成醬料。接著放入蟹鉗肉和檸檬皮絲，輕輕地拌炒加熱，好讓這些從蟹鉗剔下來的肉保持完整。把煮到彈牙的麵瀝出，拌入蟹肉醬裡拌勻即可起鍋。

灑下2大匙的荷蘭芹末不會出錯，但不見得非加不可。加2小匙的薄荷葉絲味道很不賴，只不過這樣很不道地。

TAJARIN AL TARTUFO D'ALBA
細麵佐白松露

四人份前菜或二人份主菜

260克現做的細切麵或細麵，
　或200克乾麵
160克牛油
4顆鴨蛋
帕瑪森乳酪屑少許
30克新鮮的白松露

適合這道醬料的麵款
agnolotti dal plin、fettuccine、
maltagliati、tagliatelle、tortelli、
cappellaci

做這道醬需要用到三口鍋子，一口裝滾沸的鹽水煮麵，一口裝微滾的鹽水煮蛋，另一口用來融化牛油。

開始動手後手腳要快：麵下滾水煮，牛油加2大匙的煮麵水用小火融化，把麵瀝出投入牛油裡拌勻。把一只漏勺放入微滾的水裡，敲開鴨蛋，除去蛋白，輕輕地把蛋黃放入漏勺內，煮20秒，等薄膜似的蛋白在生蛋黃周圍凝結成雲霧般的薄紗時，即可起鍋。

把裹著牛油的麵分裝到碗裡，小心地把鴨蛋黃放在麵中央，灑一點帕瑪森乳酪，然後鋪上一層薄如紙的白松露刨片。一把松露刨片器（顯然）很好用，用馬鈴薯刨刀也行。

TORCHIO
火炬麵

大小
長：35毫米
寬：20毫米
直徑：10.5毫米

類似的麵款
campanelle/gigli

對味的烹調
朝鮮薊、蠶豆與豌豆；波隆納肉醬；燉培根和豌豆；蠶豆泥；鷹嘴豆和蛤蜊；四季豆；匈牙利魚湯；羔羊肉醬；扁豆；鯖魚、番茄和迷迭香；風月醬；利科塔乳酪茄汁醬；香腸奶醬；紫萵苣、煙燻火腿和梵締娜乳酪；鮪魚肚茄汁醬

火炬麵是火炬形通心粉的簡稱，造型突出。在形狀上或功能上都和風鈴花麵（頁42）很相似，只不過沒有波浪花邊，而且表面有溝紋，其半圓弧的輪廓可以盛住一小盅醬汁。

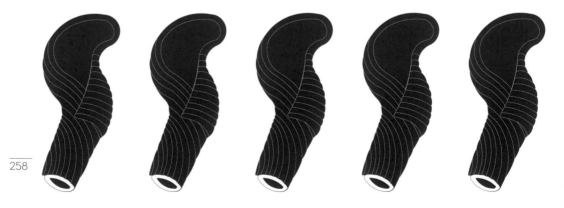

TORCHIO CON MIDOLLO E POMODORO
火炬麵佐骨髓和番茄

四人份前菜或二人份主菜

200克火炬麵
140克骨髓*，切丁
300克番茄，切大塊；或櫻桃番
　　茄，切對半
2瓣大蒜，切片
3支迷迭香
1小撮乾辣椒碎末
4條鯷魚柳，切碎
100毫升紅酒
帕瑪森乳酪屑適量

適合這道醬料的麵款
campanelle/gigli

這道醬極其豐腴肥潤，要是你膽子不大，或怕心臟病發，可別輕易嚐它。如果你是哪種愛啃髓骨的人，不妨放手一試，否則還是放聰明點，改吃別樣東西吧。

開大火加熱一只煎鍋。等鍋熱到冒煙時，放入骨髓，緊接著把番茄、大蒜、迷迭香和辣椒末也一併下鍋。煎炒10分鐘，直到番茄塊部分焦黃、部分軟嫩。接著把火轉小，放入鯷魚塊和四分之三的紅酒，煨煮20分鐘，直到醬汁變得濃稠而油腴，用鏟背把番茄塊壓散。醬差不多快好時把麵下到滾水裡煮。

在麵還有點韌的時候即瀝出，投入醬汁內。在鍋裡攪拌幾回，等麵沾裹著醬汁，鍋子離火，倒入剩下的紅酒。如此一來不僅可以讓醬汁乳化，生酒精也可以稍稍去油膩。充分攪拌均勻，最後豪邁地灑下大量的帕瑪森乳酪屑。

---

* 跟肉販買一整個髓骨，請他將之縱切對半，如此一來你就可以像挖出小黃瓜的籽一般地把骨髓取出。或者，買800克、5公分一節的髓骨中段，用大拇指把骨髓推擠出來。──原注

TORTELLI/CAPPELLACCI
餛飩／小帽子餃

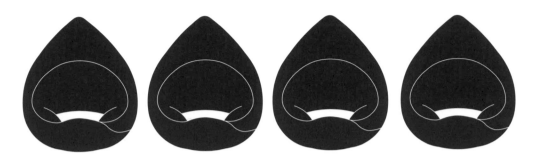

大小
長：35毫米
寬：30毫米

同義字
艾米利亞－羅馬涅稱turtello；皮亞琴薩（Piacenza）稱turtej cu la cua；托斯卡尼稱tordelli

對味的烹調
鼠尾草奶醬；鮮奶油；牛肝蕈奶醬；白松露

餛飩的義大利文tortelli意思是「小糕點」，外形很像唐人餐館裡的幸運籤餅，也叫「小帽子餃」（cappellacci）。方形餛飩皮放上餡料後，角對角對折成一個鼓鼓的三角包（也可以用圓形的餛飩皮對折成半圓形），然後讓這三角包對著你作揖打躬：把兩端手臂似的尖角往內彎曲後交疊捏合，再將直角往前翻，讓它沿著鼓凸的餡肚上緣打摺，形成一個凹槽，以盛住醬汁。艾米利亞－羅馬涅特別時興包餛飩，此外大餛飩（頁266）和小餛飩（頁262）在當地也同樣流行，但最特殊的兩種餡都來自倫巴底地區。克雷蒙納式餛飩（tortelli Cremaschi）包的是義式杏仁餅（amaretti）、葡萄乾、香櫞蜜餞（candied citron）、肉豆蔻和帕瑪森乳酪混合而成的餡，有時候還會加一點薄荷或可可。另一款經典餡料是南瓜泥（見次頁），在倫巴底的摩典娜市和艾米利亞－羅馬涅的費拉拉（Ferrara）同樣出名。曼杜瓦（Mantua）的餛飩形狀則大為不同，近似於糖果餃（頁62）。一如克雷蒙納式餛飩，這類甜中帶鹹、鹹中帶甜的料理，做得好的話美味無比，否則吃起來蠻噁心的。

路數一樣但不值得一提的是布雷西亞和貝加莫的casonsei餛飩，始祖是比薩餃（calzone），包的也是南瓜餡，餡裡還會加芥末蜜餞，偶爾也加香腸，不過包的時候兩端只簡單彎成馬蹄形，不會交疊捏合。

CAPPELLACCI DI ZUCCA
南瓜餡小帽子餃

四人份

餡料（800克）
1顆好品質的南瓜，丘吉亞港南瓜
（Marina di Chioggia）、洋蔥南
瓜（onion squash）、日本南瓜
（kabocha squash）或白胡桃南
瓜（butternut squash）皆可，
約1公斤
75克牛油
100克義式杏仁餅
100克芥末蜜餞（可加可不加，
蜜餞蘋果為佳，如果你買得到
的話）
120克葛拉納乳酪，譬如帕瑪森
乳酪
一大撮肉豆蔻

300克麵團（簡單版或香濃版
的，頁13）
300克餡料

對味的餡料
利科塔乳酪（頁267）；利科塔乳
酪菠菜泥（頁210）

做好的餡可以冷凍保存，不然就要馬上包成餛飩。我之所以特別叮嚀是因為，這餡做好後足以餵飽十個人（你可以減量，只是上好的南瓜往往重達1公斤或1公斤多），但四人份的餛飩只需300克的餡量。

南瓜清理乾淨（削去外皮，挖出內瓤），切成塊，處理好後約有700克。接著把南瓜和牛油放入烤皿，用錫箔紙罩起來封緊，送入預熱的烤箱（風扇式攝氏180度，傳統式200度），烤到軟嫩金黃。要是南瓜看起來溼溼的，出爐前的最後幾分鐘把錫箔紙掀開。等南瓜涼了之後，連同其他食材，還有鹽和胡椒放入食物調理機打成細泥。等餡泥涼了再開始包小帽子餃。

把麵皮擀成比1毫米略薄的薄度（如果你很講究的話，擀麵機大半要轉到次薄的0.7毫米），然後裁成6公分長的麵皮（圓的或方的，直邊或鋸齒邊的都可以），再把滿滿一小匙餡料（約8克，也可以盡量塞，只要皮的邊緣足以接合即可）放在麵皮中央。要是麵皮太乾難以黏合，可以噴一點水霧上去。對折（方形的對角折），把邊緣壓合，接著拉起手臂似的兩個尖角繞著一根手指圍一圈（直角蓋口或圓弧蓋口和指尖同方向），將角尖交疊捏合。不用把蓋口往前翻折（像頁262的小餛飩或頁266的大餛飩），而是把蓋口稍微往下彎出一個角度，好讓蓋口和鼓凸的餡肚之間形成一個討喜的摺縫。

佐鼠尾草奶醬（頁23）最對味。

TORTELLINI
小餛飩

大小
長：25毫米
寬：21毫米

同義字
卡布利島稱agnoli、presuner或
prigionieri

對味的烹調
波隆納肉醬；鼠尾草奶醬；牛肝
蕈奶醬；胡桃醬

小餛飩是艾米利亞－羅馬涅地區的驕傲，尤其是在首府波隆納，就如刀切麵（頁248）以及千層麵（頁136）一樣。這迷你版的餛飩，包時全靠小指尖操作，沒有靈巧手藝和相當的耐性沒法包得好。雖然波隆納婦女不會包小餛飩的少之又少，但是就連在小餛飩的家鄉，居民也多半是買現成的。當地依然有衛生可靠的家庭工廠以手工製作小餛飩在商家販售——只要是對小餛飩稍有了解的人，都偏愛手工做的。

關於小餛飩的由來，有各式各樣迷人的傳說，但發想的源頭都很一致。有一說是，露克蕾齊亞·博吉雅曾經路過卡斯泰佛朗哥－艾米利亞（Castelfranco Emilia），夜宿當地一家小客棧。客棧的老闆看見這位美若天仙的旅客之後神魂顛倒，竟在夜裡躡手躡腳地來到她的房門口，從鑰匙孔裡偷看。他看來看去只看到她的肚臍眼，而這肚臍眼美得出奇！於是他衝到廚房，模仿那肚臍眼做出了一款精巧的麵餃。在另一個版本，事情發生在波隆納的一家客棧，投宿的旅人是疲於征戰的維納斯和朱比特。他們倆入睡後，當地民眾做了義大利人都會做的一檔事——悄悄地從鑰匙孔裡偷看，不料也驚見了絕美的肚臍眼。

肚臍眼是個很貼切的比喻，它看起來確實和小餛飩很相像，而且很能引人遐想，就像小餛飩很能吸附醬汁一樣。若要說義大利人性格最鮮明的一項特點，那就是他們對母親無以比擬的依戀。狀如臍帶的小餛飩會變成麵中「翹楚」，而且是每個義大利人（至少

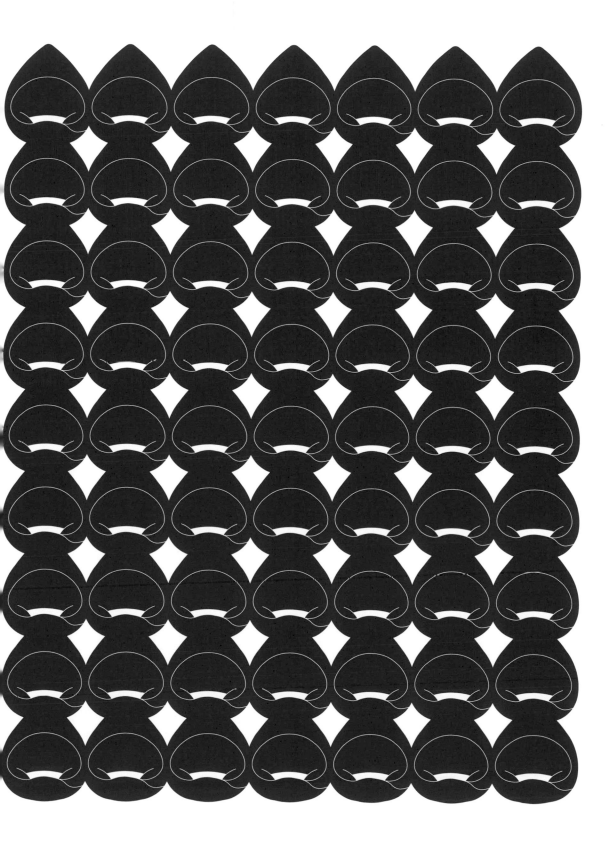

是每個艾米利亞人）的夢幻美食，絕非偶然。

在神話裡被視若珍寶的小餛飩，作法其實只有一種——包的餡是用莫塔德拉熟肉灌腸（mortadella）、豬肉、風乾生火腿、帕瑪森乳酪、雞蛋和肉豆蔻混合而成，每個餛飩只放一丁點餡，麵皮要盡量包得很小，把餡封在裡頭。小餛飩在古時是配清湯食用，多半放到閹雞高湯裡；遇上特別的日子，湯面會鋪一層白松露刨片。時至今日，你看到的多半是佐奶醬、鼠尾草奶醬或肉醬吃。我會建議你佐奶醬或清湯，吃它最純粹的原味。

MAKING TORTELLINI
小餛飩的作法

六人份

餡料

100克豬里脊肉，切2公分丁塊
25克牛油
100克莫塔德拉灌腸
100克風乾生火腿
100克帕瑪森乳酪
1顆蛋
現磨的肉豆蔻粉適量

餛飩皮

800克麵團（簡單版或香濃版，
　　頁13，份量上寧可準備多一點）
1份餡料

準備餡料：首先用牛油以小火烙煎豬肉丁，煎到稍微焦黃後關火，肉丁留在鍋裡變涼。等涼了之後，豬肉丁、肉汁連同其餘食材一併放入食物調理機打成細泥，如果不會馬上包餛飩，就把餡泥送進冰箱裡冰。

接下來做餛飩皮。把麵皮擀成比1毫米略薄的薄度。一次處理一張麵皮，把麵皮攤在乾淨的案板上，別讓它沾上麵粉。接著裁成4.5公分見方的麵片，在麵片中央放一小坨餡料。試試看麵皮夠不夠濕，能不能相互黏合，若是黏不住，就噴一些水霧上去。餡放好後鬆鬆地蓋上一層保鮮膜，免得它們乾掉。

從保鮮膜底下取出一份餛飩皮和餡，角對角對折成三角形，輕輕地按壓兩端的尖角使之黏合，並且把空氣趕出去。接著把上方的直角蓋口往下翻，摺成梯形，讓角尖稍稍突出底部，然後把一根手指輕輕地放在鼓凸的餡丘上（往下摺的直角蓋口蓋住指頭），將左右兩端的尖角往內彎，環抱指頭並交疊在一起，接

著把三個角捏合，最後抽出指頭。如此把這一批的小餛飩一一包好，之後再擀下一張麵皮。

TORTELLINI IN BRODO
小餛飩佐清湯

四人份前菜或二人份主菜

250克小餛飩
1公升過濾的雞湯或閹雞湯
　（頁242）
現刨的帕瑪森乳酪屑適量
15克新鮮的白松露，在特別
　的日子

適合這道湯品的麵款
cappelletti、pansotti

把小餛飩放到微滾的清湯裡煮，煮好後連湯一併舀進寬口的碗裡，灑上帕瑪森乳酪屑；荷包允許的話，豪邁地鋪一層白松露刨片。

TORTELLINI CON PANNA
小餛飩佐奶醬

四人份前菜或二人份主菜

250克小餛飩
70克牛油
90毫升濃的鮮奶油
肉豆蔻粉少許
帕瑪森乳酪屑適量

適合這道醬料的麵款
agnolotti dal plin、cappelletti、
tortelli、cappellacci

小餛飩下滾水煮時，把牛油放進鮮奶油裡加熱到溶化，這期間要不停拌攪。加肉豆蔻粉、胡椒和鹽調味。把小餛飩瀝出投入醬汁裡，在爐火上拌煮一會兒，起鍋後灑上大量的帕瑪森乳酪屑。

　　這是我祖母很喜愛的一道醬。它非常非常香醇油潤，而我祖母非常非常纖瘦。在她眼裡的一小客，對別人來說是巨無霸。有時候她會加進6片撕碎的羅勒葉或些許檸檬皮絲，又或兩者都加。這些變化全都相當美味，就如加一些煙燻火腿片或風乾生火腿片也很不賴；不過最簡單的總是最棒的，我會建議你按照上述的食譜做最素樸的醬。

TORTELLONI
大餛飩

大小
長：45毫米
寬：38毫米

對味的烹調
鼠尾草奶醬；羊肚蕈；牛肝蕈奶
醬；茄汁醬；胡桃青醬；胡桃醬

大餛飩和餛飩的形狀一樣，也是用圓形或方形麵皮包
的，只不過大上一號。因此，大餛飩通常不包肉餡
（雖然麵餃類大多包肉餡），而且也沒那麼經濟實惠。
較為細緻的餡料，例如利科塔乳酪、南瓜泥或利科塔
乳酪菠菜泥，口感最好；因此，佐搭醬料相應地也精
緻些（奶醬、鼠尾草奶醬或淡味茄汁醬）。

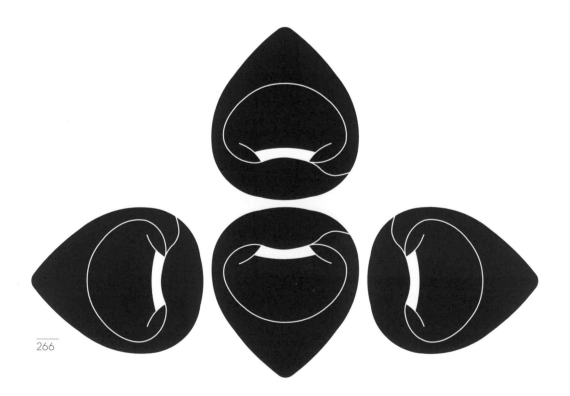

TORTELLONI DI RICOTTA
利科塔乳酪餡大餛飩

四人份

250克蛋麵團（簡單版或香濃
　　版，頁13）
250克利科塔羊奶乳酪（或羊奶
　　乳酪混加牛奶乳酪）
2枚蛋黃
50克帕瑪森乳酪
一小撮肉豆蔻

對味的餡料
利科塔乳酪菠菜泥（頁210）

用手把利科塔乳酪、蛋黃和帕瑪森乳酪攪打均勻，加
鹽、胡椒和肉豆蔻調味。

　　把麵皮擀得很薄（比1毫米略薄，擀麵機多數要
轉到次薄的那一格），確認麵皮和案板上都沒沾麵粉
後，把麵皮裁成7公分見方的餛飩皮。要是麵皮太乾
難以相互黏合，噴上薄薄一層水霧。在每一張餛飩皮
中央放上滿滿一小匙的餡（約10克），將餛飩皮角對
角對折成三角包。拿起一個三角包，把直角蓋口往下
翻，摺成梯形，呈尖角的兩端（往內彎）環抱指頭並
且交疊，最後捏合成大餛飩。

　　包好的大餛飩平鋪在灑了粗粒小麥粉的托盤內。
由於濕潤的餡會讓餛飩皮發黏，所以千萬別讓大餛飩
彼此互相碰著。

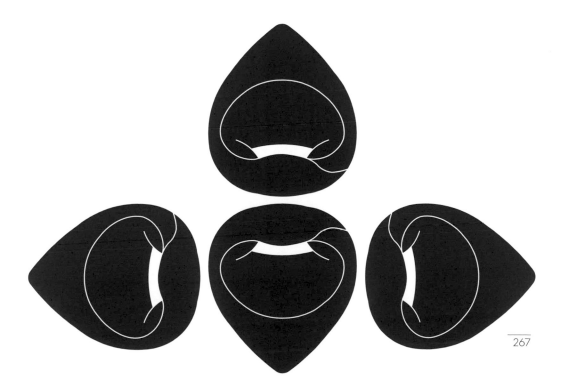

TORTELLONI DI RICOTTA CON ASPARAGI E PANNA
大餛飩佐蘆筍奶醬

四人份前菜或二人份主菜

半份的利科塔乳酪餡大餛飩，
　　或250克現做的麵餃
1大把青蘆筍（350克）
150毫升濃的鮮奶油
50克牛油
肉豆蔻
現刨的帕瑪森乳酪屑適量

適合這道醬料的麵款
cappelletti

坊間不乏有餐館以這道料理見長，但都比不上自己在家做的甘鮮可口

切除蘆筍的硬梗，其餘的切成2公分小段，尖端部分保留原樣。大餛飩下滾水煮。同時另起一鍋，加熱牛油和鮮奶油，灑一大撮的肉豆蔻、鹽巴和胡椒調味。讓奶液滾沸，滾到它濃縮成濃的鮮奶油在冷藏狀態下的稠度。

大餛飩大概只需煮2分鐘就會熟，煮了1分鐘之後，或差1分鐘就會好時，把蘆筍放進煮大餛飩的鍋裡。等兩樣都熟了即瀝出，放入奶醬裡。由於大餛飩會夾帶一些水，所以醬汁會稍微變稀，所以醬要再多煮一會兒，等醬黏附在大餛飩表面時，起鍋盛盤，立刻灑下大量的帕瑪森乳酪屑。

TORTELLONI DI RICOTTA AL PESTO DI NOCI TOSTATE
大餛飩佐胡桃青醬

四人份前菜或二人份主菜

1份利科塔乳酪餡大餛飩，或
　　50克現做的麵餃
1/2瓣大蒜，切均勻的薄片
葵花油或玉米油，酥炸用
80克去殼的胡桃
1/2小匙百里香葉
125毫升特級初榨橄欖油
粗粒海鹽（譬如Maldon海鹽）
帕瑪森乳酪適量

利科塔乳酪和胡桃是天造地設的絕配：光是新鮮的利科塔乳酪加上未風乾的胡桃和芝麻菜，就是一道簡單美味的料理。以下的作法，滋味沉穩內斂些。佐搭任何麵餃都對味。

　　蒜片放入加了葵花油或玉米油（夠焙煎所有胡桃的量）的一口小型冷煎鍋，用中小火加熱。油熱後蒜片會嘶嘶作響，等蒜片呈均勻的金黃色後，用漏勺把蒜片撈出，置於紙巾上瀝乾油。接著把胡桃放入熱油裡，焙煎到色澤深黑但不致煎焦的地步。煎到呈非常深的地中海膚色為佳（把胡桃切半，查看裡頭的色澤），胡桃冷了之後顏色會變得更深褐。

　　酥脆的蒜片和百里香草放入研缽內用杵搗細，之後再把胡桃加進去，但別搗得太細，保留些許的顆粒口感。接著加入橄欖油和粗粒海鹽，嚐嚐鹹淡，並再加胡椒調味。鹽的量要多，好讓醬的滋味鹹辛。這醬放入冰箱冷藏可以貯存很久，食用前要先放在室溫下回溫。

　　大餛飩煮到彈牙後瀝出，把少許醬料澆在大餛飩上。刨幾片帕瑪森乳酪薄片鋪在上頭也很美味，最好用馬鈴薯刨刀來刨。

TORTIGLIONI
旋紋通心管

大小

長：45毫米
寬：10.5毫米
管壁厚度：1.25毫米

對味的烹調

辣味培根茄汁醬；辣味茄汁醬；
焗烤；雞肉李子醬；鷹嘴豆；火
腿奶醬；義式醃肉和佩科里諾乳
酪；淡菜和豆類；諾瑪醬；牛尾
醬；乳酪胡椒醬；風月醬；羅馬
花椰菜；拿坡里肉醬；利科塔乳
酪茄汁醬；香腸肉醬；茄汁醬；
番茄和莫扎瑞拉乳酪；紫萵苣、
煙燻火腿和梵締娜乳酪；鮪魚肚
茄汁醬

我最愛的一款管麵，和大水管麵（頁218）很相似，
表面的溝紋更明顯，多重斜紋繞著管面盤旋，很像理
髮店外頭紅白相間的旋轉式霓虹燈。Tortiglione一字
也和紋章有關，意指薩丁尼亞旗幟上摩爾人戴的頭飾
帶（testa di moro），其拉丁字源是torquere，即「旋
轉」的意思。旋紋通心管和多數機器製造的麵一樣，
在南義很受歡迎，坎帕尼亞和拉齊歐一帶尤其熱門。

TORTIGLIONI ALLA NORCINA
旋紋通心管佐香腸奶醬

四人份前菜或二人份主菜

200克旋紋通心管
250克義式香腸，去腸衣
1/2顆中型洋蔥，逆著紋路切薄片
1大匙橄欖油或豬油
1/4小匙乾辣椒碎末
100毫升白酒
125毫升濃的鮮奶油
現刨的佩科里諾羅馬諾乳酪屑
　適量

適合這道醬料的麵款

campanelle/gigli、casarecce、
cavatappi、gramigne、maccheroni
inferrati、paccheri、penne、
pennini rigati、pici、radiatori、
reginette、mafaldine、rigatoni、
sedanini、spaccatelle、ruote、
rotelline、torchio

翁布里亞地區常見的這道料理，理論上應該用諾恰（Norcia）產的香腸來入菜。諾恰產的香腸遠近馳名，以致於諾恰納（Norcina）一字成了香腸的代名詞。

　　麵放入滾水裡煮。另起一鍋，開中大火，用豬油把香腸肉和洋蔥絲煎到部分呈焦黃（5至8分鐘），偶爾攪動一下，並且用鍋鏟把香腸肉攪散。放入辣椒末，緊接著倒入紅酒，等紅酒收乾至一半時加入鮮奶油。把汁液煮開並熬煮一會兒。在麵略嫌過於彈牙時瀝出，投入醬汁內拌勻，等奶醬稠到裹敷著麵管時即可起鍋。享用前灑下大量的黑胡椒和現磨的佩科里諾羅馬諾乳酪屑。

TORTIGLIONI CON LENTICCHIE
旋紋通心管佐扁豆

四人份前菜或二人份主菜

200克旋紋通心管
1顆小的或1/2顆中型洋蔥，切細
　碎（100克）
2瓣大蒜，切片
4大匙特級初榨橄欖油
2片月桂葉
100克小的褐扁豆（brown lentils）
2大匙平葉荷蘭芹末

適合這道醬料的麵款

campanelle/gigli、canestri、
conchiglie、dischi volanti、ditali、
ditalini、fettuccine、fusilli、
linguine、bavette、orecchiette、
penne、pennini rigati、
spaghetti、spaghettini、
strozzapreti、torchio、ziti/candele

這道醬料是我母親的最愛，美妙又質樸（我是指這菜，不是我媽）。她通常會拌長麵條吃（圓直麵或細直麵），我自己偏好用短一點的管麵，如此更容易攔截扁豆。

　　起油鍋，用小火煎洋蔥末和蒜片，約煎5分鐘，煎到看起來不再生澀時，月桂葉和扁豆下鍋，接著倒入夠多的水來煨煮（以這裡的份量，不加蓋煮的情況下，需500毫升的水或稍微少一些）。用小火煮到少數的扁豆變得軟糊，而大半依然完整而軟嫩。此時鍋裡應該還有一些水份，但不致於讓扁豆泅泳其中。直到這一刻才加鹽和胡椒調味。你可以在用餐前煮扁豆（預留30至40分鐘），也可以在幾天前事先做好，冰在冰箱裡備用。

　　麵煮好瀝出，放入熱騰騰的扁豆醬料裡拌煮一會兒，起鍋前拌入荷蘭芹末。這道麵不用再加什麼就很好吃，不過要是你有一瓶頂級的橄欖油，也許現在正是把它拿出來澆淋一點在麵上頭的時候。

TROFIE
特飛麵

大小
長：40毫米
寬：5.5毫米

同義字
rechelline、trofiette

對味的烹調
蘿蔔菜；四季豆；羅馬花椰菜；
芝麻菜、洋蔥茄汁醬；胡桃青醬

特飛麵是捲得很密、呈魚雷形的短麵，其製作方法有很多，但做出來的形狀大同小異。它和貓耳朵麵（頁170）一樣，剛做好的拿來煮最棒，就這一點來說，它和大部分用粗粒麥粉製的麵大不相同。我甚至會說，要是你買不到現做的特飛麵（出了義大利你根本買不到），或是你懶得自己做（我想大部分的讀者都是如此），不如就用簡單的乾麵來代替，譬如細扁麵（頁146）或圓直麵（頁230）。特飛麵在製作上既符合人體工學又兼顧其功能性——搓製時施力容易，而且很能盛住醬汁。

特飛麵源自利古里亞地區，在那裡，這款麵一定會搭配熱那亞青醬（羅勒口味，見下頁）。它的名稱很可能來自希臘字trophe，「滋補品」的意思，也可能是指比麵疙瘩（頁116及122）更粗糙簡陋的麵食：最早是用麵包屑混馬鈴薯，揉成現今麵疙瘩的形狀。現今的特飛麵都是用粗粒麥粉和水的麵團做的。「雜牌特飛麵」（trofie bastarde）形狀和特飛麵一樣，不過是用栗子粉做的，是古時候窮人家的主食，味道甘甜得多，但營養成分不高。這款麵在今天偶爾還見得到。

TROFIE AL PESTO GENOVESE
特飛麵佐熱那亞青醬

二人份

150克杜蘭小麥粉（或150克乾的
　　特飛麵或細扁麵）
150克小馬鈴薯
100克好品質的四季豆

熱那亞青醬

100克成束的羅勒
1瓣大蒜
100克帕瑪森乳酪，現刨成屑
100克佩科里諾羅馬諾（或熟成
　　的佩科里諾薩多），現刨成屑
100克松子，可能的話買義大利
　　產的
175毫升特級初榨橄欖油
25克牛油，軟化的

適合這道醬料的麵款

bucatini、busiati、casarecce、
corzetti、fusilli bucati、fusilli fatti
a mano、gnocchi、linguine、
bavette、maccheroni alla
chitarra、maccheroni inferrati、
spaghetti、spaghettini、trenette

這份羅勒青醬的食譜足夠十人份的量，青醬可以冷藏保存很久，因此一次只做少少的量有點沒道理。用120克青醬拌兩人份的麵量。

製作青醬

　　摘下羅勒葉，真有需要的話再輕柔地沖洗葉片（洗好後把葉片平鋪在布上自然晾乾）。大蒜加點鹽擠壓成蒜蓉。將乳酪、羅勒葉和蒜蓉放入食物調理機打成細泥，接著再把松子加進去，繼續攪打，但別打太細，保留顆粒的質感。之後拌入橄欖油和牛油，以及些許的鹽和胡椒。最好靜置幾分鐘後再嚐嚐鹹淡，最後一次調味。

製作麵條

　　把杜蘭小麥粉倒到木質案板上，在麥粉中央挖一個洞，倒入75毫升室溫的水，接著把周圍的麥粉撥入中央，抓揉成結實的麵團，覆蓋起來，靜置至少15分鐘。確認案板上沒有半點麵粉後，取胡桃大小的一坨麵團，擀成3毫米寬的狹長麵片，每3至4公分切一節。接下來有兩種作法：

　　1. 取一節小麵片，以料理刀或金屬調色刀的刀面，與案板及麵條呈四十五度夾角，搓捲麵片，使麵片捲裹起來，中央形成一條溝槽。湊近一點仔細看的話，你會發現那溝槽順著麵身長度延展，內面粗糙（就像貓耳朵麵，頁170），表面平滑。由於麵片先前已經有效地擀成長方條，刀面成斜角地搓滾過後，麵片即成魚雷形。

　　2. 用手搓揉麵片。用大拇指根部和掌心相連的肉球，使勁地搓揉置於案板上的麵條，讓大拇指外緣沿著麵條滾動。經如此的摩擦，麵身會變得扁一些，而

且會圈捲成粗細不均的螺旋狀。在下手和收手時多用點力，麵條的兩端會變細，更像魚雷狀。麵條和案板之間需要有點摩擦力才行，要是你搓揉時一直打滑，稍微把案板弄溼。

幾次過後很快就可以上手，大約15分鐘就可以全數做完。做出來的麵不見得看起來都一個樣兒，畢竟是手工做的麵呀！做好的特飛麵平鋪開來，讓它們稍微晾乾，大概晾個20分鐘，直到表面呈現皮革的質感即可。

製作這道麵食

馬鈴薯削皮後切成均勻的薄片，約1至2毫米薄。四季豆去蒂頭（我喜歡保留它的尾端），切3公分小段。燒一鍋調好鹹度的水，把麵、四季豆和馬鈴薯片一同放入鍋裡煮約5分鐘，直到全都熟透。瀝出盛盤，澆些許的青醬在上頭。

就像我在前頭說過的，我沒閒工夫煮乾的特飛麵。如果你想省去自己擀麵條的麻煩，不妨改用細扁麵，在麵還差5分鐘就會好時，再把蔬菜放進去燙。

VERMICELLINI
麵絲

大小
長：20-100毫米不等
直徑：1毫米

對味的烹調
清湯；舒芙蕾

麵絲就是短版的髮絲麵（頁54）。在義大利多半做成湯麵的麵絲，馳名海外，走紅全球。在印度，麵絲用油焙煎後，和煉乳一道煮成甜食；在亞美尼亞和伊朗，麵絲同樣要焙煎，但之後混合米粒煮成煲飯；在中國，它會和綠豆一道煮；在墨西哥，它會加到雞湯裡煮；在西班牙則做成海鮮麵絲（頁281）；猶太人的料理則是遵循古傳統做成猶太麵絲（vermishelsh）。奇怪的是，這款麵在義大利本土似乎沒那麼受歡迎。

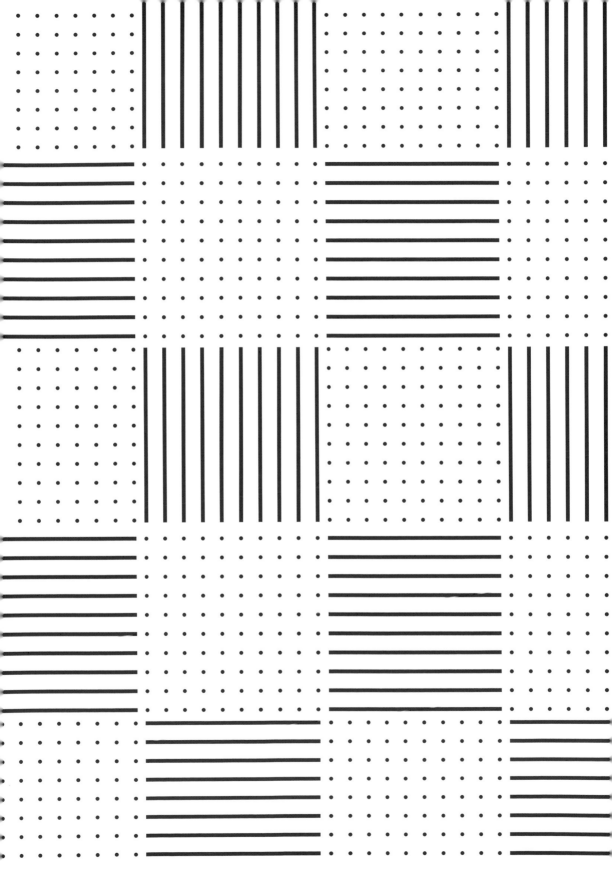

STRACCIATELLA
乳酪蛋蓉雞湯

四人份前菜或二人份主菜

60克麵絲
800毫升過濾的雞湯（頁242）
2顆大型雞蛋
4大匙現刨的帕瑪森乳酪屑
少許肉豆蔻粉

適合這道湯品的麵款
canestrini、capelli d'angelo、
orzo、quadretti/quadrettini、
stelline、tagliolini

這道羅馬式蛋蓉雞湯通常不加麵。我的祖母安格妮絲會加麵進去以增加飽足感。

把雞湯煮開，加鹽調鹹淡，喜歡的話滴幾滴檸檬汁提鮮。把蛋、乳酪屑和肉豆蔻粉打勻。將麵絲壓碎，放入雞湯裡煮，等湯汁再度煮開時，快速攪動湯汁並且把蛋液倒進去（你可以一口氣全倒進去，也可以讓蛋液如細流似地徐徐注入）。持續攪動一會兒，讓湯液微滾，等麵好了即可起鍋。

LOKSHEN PUDDING
猶太麵布丁

六至八人份

500克麵絲
8顆雞蛋
200克牛油
400克砂糖
1小匙香草精
1公斤酸乳白乾酪（cottage
cheese）

適合這道醬料的麵款
capelli d'angelo、vermicelli、
tagliatelle、tagliolini、tajarin

這是一道屬於德系猶太（ashkenazi）式的麵布丁。慚愧的是，凱絲（本書的發想人和平面設技師）和我（一位猶太後裔）都不會做這道菜。多虧奈潔拉（Nigella Lawson）伸出援手，慷慨地提供我這份食譜，讓我們增長見識之餘，有機會嚐嚐這道原本應該是我們母親做給我們吃的料理。

用比平常煮麵稍淡一些的鹽水煮麵，麵下水之前先剝散。把煮到彈牙的麵瀝乾。牛油加熱融化後置一旁降溫備用。雞蛋打散，接著加入溫溫的牛油、砂糖、香草精和酸乳白乾酪攪勻，最後放入麵絲再混勻。把混液倒入容量3.5公升的烤皿（寬23公分、長32公分，或27公分見方），送入預熱的烤箱（風扇式攝氏160度，傳統式180度），烤60至75分鐘之間，表

面呈金黃色時就是好了。取出後靜置一會兒再吃，這道菜溫溫的最好吃，放涼或熱騰騰的口感都稍差。

FIDEUÀ
海鮮麵絲

四人份

250克麵絲
1顆中型洋蔥，切細末
1顆紅椒，去籽，切得跟洋蔥
　一般細
1顆諾拉紅椒（nora pepper），去
　籽後用熱水泡軟再切碎，（或
　外加1小匙的煙燻紅椒粉）
4瓣大蒜，切片
100毫升特級初榨橄欖油
2顆熟番茄，切2公分大塊
1尾中型紅鰹或魴魚，刮除鱗片、
　清除內臟後約300克
1片月桂葉
1小匙煙燻紅椒粉（smoked
　paprika）
1小撮（20-30絲）番紅花
500毫升魚高湯
12顆蛤蜊
12顆淡菜
12尾小型帶殼的明蝦
自製的蒜泥蛋黃醬（aïoli）適
　量，以及檸檬片（依個人喜
　好而加）

適合這道醬料的麵款
capelli d'angelo、vermicelli

這本書穿插了幾道非義大利料理，就像把復活蛋藏得不露痕跡一般。這道瓦倫西亞風味菜即是其一，它可以說是最適合用麵絲來做的一道料理，基本上就是西班牙海鮮飯的翻版，只不過把飯換成了麵絲。

　　起油鍋，以中小火煎炒洋蔥末、兩種紅椒和蒜末，灑一小撮鹽進去。煎炒15分鐘直到菜料變得黏糊。加入番茄塊，續煮幾分鐘。切掉魚頭（事先切掉，並用來熬魚高湯），魚身橫切成帶骨的六至八大塊。

　　將魚肉塊調味，連同月桂葉、紅椒粉和番紅花絲一併下鍋，煎2分鐘，等魚肉表面變白後，加入生麵絲，儘可能地拌攪開來（高難度的手續，這要求很苛刻），隨後倒入高湯。把火轉成中火，用鏟背把麵壓入湯汁裡。嚐嚐鹹淡。

　　湯汁煮開後，把火轉小，將貝殼類塞入鍋料中。不加蓋地繼續煮到麵變得彈牙，蛤蜊全開殼，湯汁幾近收乾——不時晃動鍋子免得麵料沾黏鍋底。關火後，覆上一層烘焙紙或錫箔紙，再蓋上一塊布保溫，靜置10至15分鐘再食用；享用時佐上蒜泥蛋黃醬，喜歡的話配上檸檬片。

ZITI/CANDELE
新郎麵／蠟燭麵

大小
長：50毫米
寬：10毫米
管壁厚度：1.25毫米

類似的麵款
candele、ziti candelati

對味的烹調
辣味培根茄汁醬；辣味茄汁醬；焗烤；義式醃肉和佩科里諾乳酪；扁豆；諾瑪醬；拿坡里肉醬；利科塔乳酪茄汁醬

源自拿坡里的新郎麵和結婚一事脫不了關係。Ziti一字的意思就是「未婚夫」或「新郎」，而成婚日午宴端上的第一道菜一定是新郎麵。新郎麵下鍋煮之前會被一一掰斷成四節，這粗短的空心管麵很適合佐搭重口味而且多肉的醬料，配簡單一點的醬也不賴。蠟燭麵（即ziti candelati）是特大號的新郎麵──二倍寬，三倍長，管壁則薄一些，下鍋前也必須先掰斷，這樣做不僅是習俗，而且方便放入鍋裡烹煮。新郎麵幾乎是南義人才會吃的麵，簡直可視為南北義涇渭分明的象徵──北義人既瞧不起新郎麵，也瞧不起吃新郎麵的人。

有個有趣的傳說是這樣的（誰曉得有幾分真實？）：教宗李奧一世（Pope Leo）之所以能夠讓匈奴王阿提拉（Attila the Hun）打消入侵羅馬的念頭，並非曉之以理，而是餵他一盤焗烤新郎麵，據說阿提拉飽餐一頓後突然感到一陣暈眩，認為這是不祥的預兆，於是決定撤退。那年是西元452年，我覺得這說法很可疑──根據我的了解，當時的義大利還沒有義大利麵呢！

TIMBALLO DI CANDELE E MELANZANE
酥皮焗蠟燭麵

四至六人份

酥皮

300克中筋麵粉
2大匙細砂糖或糖霜
150克豬油
1顆全蛋
2枚蛋黃

餡料

300克蠟燭麵
400毫升拿坡里肉醬（頁216）
400克義式香腸，或1份拿坡里
　波浪千層麵（頁144）的肉丸子
1根圓茄（可加可不加），外加酥
　炸用的玉米油
12顆鵪鶉蛋，水煮後去殼
100克現刨的帕瑪森乳酪屑
12片羅勒葉，撕碎

這道焗烤料理非常復古，不過還是相當風行，尤其是在南義地區。它稱不上是時髦菜色，但還是讓人一吃難忘。

製作酥皮：用一雙冰冷的手（如果是冬天，先到外頭散散步），把麵粉、糖霜、豬油和一小撮鹽搓揉成看起來像麵包屑的樣子，接著打入一整顆蛋和額外的蛋黃，揉勻成麵團。把麵團稍微壓平，包上保鮮膜後放入冰箱，至少冷藏一個鐘頭。

餡料的部分：把蠟燭麵煮到彈牙。這說得比做得容易，因為這麵長得離譜──可想見的情況是你一定會搞砸（不然就根據你鍋子大小把麵掰斷）。

把肉醬和麵拌勻。香腸送入預熱的烤箱（風扇式攝氏200度，傳統式220度），烤到結實而焦黃，大約10至15分鐘，然後切成1公分厚的圈塊。如果要加圓茄的話，切成2公分方塊，稍微灑點鹽，然後用滾燙的油炸到金黃色。

把麵皮擀得很薄（3毫米），由於它的質地鬆散，擀的時候很容易龜裂，不過隨時可以補救。在容量2.5公升金屬製的或陶瓷的布丁烤皿內層抹上一層油，然後把擀好的麵皮鋪在底層，麵皮一定要比烤皿大一些，等會兒可以把內餡包裹起來。在最底下鋪上一層或兩層蠟燭麵，麵管頭尾相接盤繞成一圈圈同心圓，確認這些麵都敷著大量的醬（你的手會弄得髒兮兮的，不過別擔心）。接著把香腸圈塊和鵪鶉蛋（以及圓茄丁，如果有用的話）點綴在上面，灑上帕瑪森乳酪和羅勒葉，然後再鋪上一層蠟燭麵。

這麵實在很難搞定（這道菜完成後看起來很棒，但是把掰斷的短管麵排好的過程可是蠻費工的），從外圈往內鋪排會比相反的方式輕鬆些。重複這些步驟，直到用光所有材料，最上層鋪的是麵，一丁點兒

的醬也別放過，全數抹在麵上。拉起麵皮把餡料包裹起來，把邊緣塞好封死，烤1小時（風扇式攝式200度，傳統式220度），直到金黃酥香。

取出後在室溫下靜置10分鐘，之後再切開享用。

ZITI LARDATI
新郎麵佐鹽漬豬脂和櫻桃番茄

四人份前菜或二人份主菜

200克新郎麵，掰斷成等長的四截
80克醃豬背脂，切成1公分小丁或稍小些
200克櫻桃番茄，切對半
1瓣大蒜，切薄片
一大撮乾辣椒碎末
現刨的佩科里諾羅馬諾乳酪適量

先把麵放入滾水裡煮，等麵差4分鐘就會煮好時，另外用大火加熱一只寬口煎鍋，鍋熱到冒煙時，放入鹽漬豬脂煎20秒，煎到每一面開始上色（煎的過程會產生大量的煙，所以記得把窗打開）。接著番茄塊、蒜片和辣椒碎末同時下鍋，煎炒2分鐘左右，等這些菜料熱透後，加鹽和胡椒調味，並且舀入一勺煮麵水（60毫升），讓汁液滾個幾秒。把麵瀝出（還要煮個幾秒才會達到你想要的彈牙口感），投入醬汁裡。拌煮30秒左右即起鍋，趁麵熱騰騰時灑上佩科里諾乳酪屑，馬上享用。

【Eureka】2043

義大利麵幾何學
THE GEOMETRY OF PASTA

國家圖書館出版品預行編目資料

義大利麵幾何學
雅各‧甘迺迪(Jacob Kenedy)文;
凱絲‧希爾德布蘭登(Caz Hildebrand)圖;廖婉如譯.
二版
臺北市馬可孛羅文化出版:
家庭傳媒城邦分公司發行,2017.1
面; 公分. ─(Eureka;2043)
譯自:The Geometry of Pasta
ISBN 978-986-93786-9-7(平裝)

427.12   105023211

作 者	雅各‧甘迺迪 (Jacob Kenedy)、凱絲‧希爾德布蘭登 (Caz Hildebrand)
譯 者	廖婉如
封 面 設 計	羅心梅
總 編 輯	郭寶秀
特 約 編 輯	曾淑芳
行 銷 業 務	力宏勳

發 行 人　涂玉雲
出 版　馬可孛羅文化
　　　　104台北市民生東路二段141號5樓
　　　　電話:886-2-25007696
發 行　英屬蓋曼群島商家庭傳媒股份有限公司城邦分公司
　　　　104台北市中山區民生東路二段141號11樓
　　　　客服服務專線:(886)2-25007718;25007719
　　　　24小時傳真專線:(886)2-25001990;25001991
　　　　讀者服務信箱:service@readingclub.com.tw
　　　　劃撥帳號:19863813 戶名:書虫股份有限公司
香港發行所　城邦(香港)出版集團有限公司
　　　　香港灣仔駱克道193號東超商業中心1樓
　　　　E-mail:hkcite@biznetvigator.com
馬新發行所　城邦(馬新)出版集團【Cite(M) Sdn. Bhd.(458372U)】
　　　　41, Jalan Radin Anum,Bandar Baru Seri Petaling,57000 Kuala Lumpur,Malaysia.

製 版 印 刷　前進彩藝有限公司
二 版 一 刷　2017年01月
定 價　新台幣420元

The Geometry of Pasta by Jacob Kenedy & Caz Hildebrand
Copyright © 2010 by Jacob Kenedy & Caz Hildebrand
This translation published by arrangement with Macmillan Publishers Limited through Andrew
 Nurnberg Associates International Limited
Complex Chinese translation copyright © 2017 by Marco Polo Press, A Division of Cite Publishing Ltd.
All rights reserved.

I S B N　978-986-93786-9-7(平裝)

城邦讀書花園
www.cite.com.tw

著作權所有‧翻印必究 (如有缺頁或破損請寄回更換)